UM CÉU *mais* PERFEITO

SATURNI
GLOBI SUBLUNARES CUM LUNA ET
CIRCA SOLEM, VENEREM ET MERCURIUM MOVENTIS CIRCULUS
MARTIS
MARS
CIRCULUS

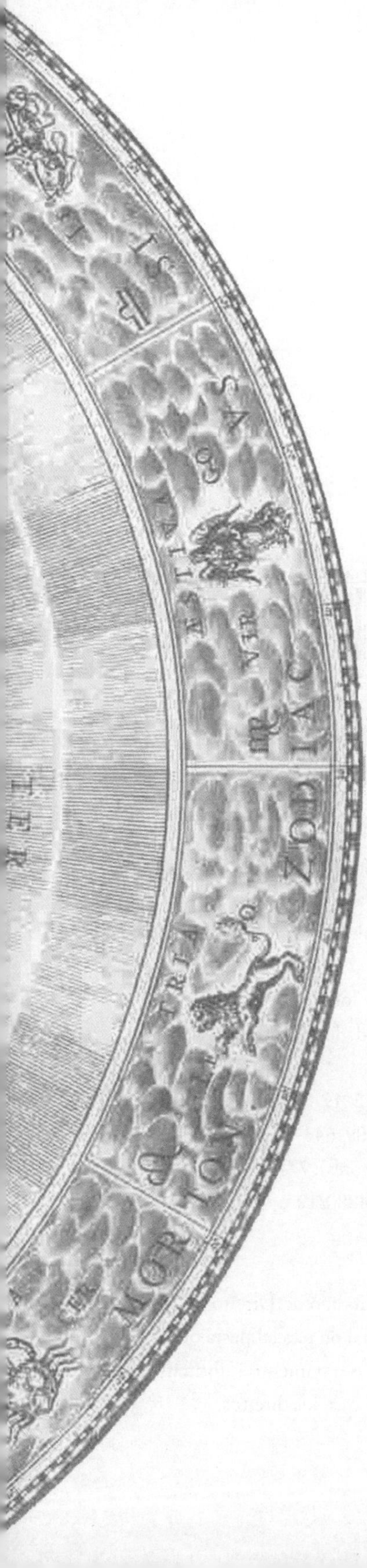

DAVA SOBEL

UM CÉU *mais* PERFEITO

Como
COPÉRNICO
Revolucionou
o Cosmos

TEMAS E DEBATES
Círculo de Leitores

ISBN 978-989-644-181-4

Título original inglês :
A more perfect heaven
– How Copernicus revolutionized the cosmos
Autora: Dava Sobel

Tradução: Artur Lopes Cardoso
Revisão: Levi Condinho
Capa: ARD-Cor
Pré-impressão: ARD-Cor
Execução gráfica: Bloco Gráfico Lda., Unidade Industrial da Maia

1.ª edição: setembro de 2012
ISBN (Temas e Debates): 978-989-644-181-4
N.º de edição (Círculo de Leitores): 7749
Depósito legal número 344880/12

Para as minhas belas
sobrinhas,
AMANDA SOBEL
e
CHIARA PEACOCK,
com amor na tradição
coperniciana de nepotismo.

Sumário

TERCEIRA PARTE — Consequências

EUROPA CENTRAL
no século XVI
Uppsala
Estocolmo
SUÉCIA
DINAMARCA
Hven
Copenhaga
Mar do Norte
Mar Báltico
LITUÂNIA
Königsberg
PRÚSSIA DUCAL
Danzig
Frauenburg
Allenstein
PRÚSSIA REAL
Torun
Bremen
Rio Elba
BRANDEBURGO
Berlim
Rio Weser
PAÍSES BAIXOS ESPANHÓIS
Wittenberg
Varsóvia
POLÓNIA
Rio Reno
SACRO
SAXÓNIA
Leipzig
SILÉSIA
Rio Oder
Saalfeld
Rio Vístula
Frankfurt
Praga
Cracóvia
IMPÉRIO
BOÉMIA
Heidelberga
Nuremberga
IMPÉRIO
LORENA
Tübingen
Rio Danúbio
MORÁVIA
MONTES CÁRPATOS
HABSBURGO
REINO DA HUNGRIA
BAVIERA
ROMANO
Cassóvia
Munique
Viena
Basileia
Lindau
ÁUSTRIA
Budapeste
Zurique
Feldkirch
SUÍÇA
ALPES
HUNGRIA
VENEZA
Milão
SABÓIA
MILÃO
Rio Danúbio
Pádua
Veneza
Rio Pó
Ferrara
APENINOS
Bolonha
IMPÉRIO
OTOMANO
Florença
TOSCANA
Mar Adriático
ESTADOS PAPAIS
0 Milhas 100 200
0 Quilómetros 200
Roma

POLÓNIA
cerca de 1543
Mar Báltico
LITUÂNIA
Königsberg
Frauenburg
Braunsberg
Danzig
PRÚSSIA
DUCAL
POMERÂNIA
Elbing
Melsack
VARMIA
Heilsberg
PRÚSSIA
REAL
Jonikendorf
Allenstein
BRANDEBURGO
Graudenz
Chelmno
Torun
Rio Vístula
Posen
Varsóvia
P O L Ó N I A
LEGENDA DAS FRONTEIRAS
Estados
Territórios
Wroclaw
Rio Oder
SILÉSIA
IMPÉRIO
HABSBURGO
BOÉMIA
Rio Vístula
Cracóvia
GALÍCIA
MORÁVIA
MONTES CÁRPATOS
0 Milhas 50 200
0 Quilómetros 100
HUNGRIA

Para o Leitor, sobre ... Esta Obra

Desde 1973, quando o quinto centenário do seu nascimento chamou a minha atenção para a sua história única, que quis dar forma literária ao encontro improvável entre Nicolau Copérnico e o visitante fortuito que o convenceu a publicar a sua ideia louca.

Cerca do ano de 1510, quando se aproximava dos quarenta anos, Copérnico criou uma nova conceção do cosmos com o Sol, em vez da Terra, no centro. Depois, ocultou a teoria durante quarenta anos, temendo ser ridicularizado pelos matemáticos seus pares. Mas quando o seu convidado inesperado, chamado Rheticus, fez a perigosa viagem de várias centenas de quilómetros até ao Norte da Polónia, em 1539, ansioso por conhecer, na fonte, a nova ordem planetária, o idoso Copérnico acedeu a pôr termo ao seu silêncio. O jovem ficou lá durante dois anos, apesar das leis que proibiam a sua presença, como luterano, na diocese católica de Copérnico, durante essa fase controversa da Reforma Protestante. Rheticus ajudou o seu mentor a preparar, para publicação, o manuscrito havia muito abandonado e, mais tarde, levou-o em mão para Nuremberga, ao melhor impressor de textos científicos da Europa.

Ninguém sabe o que Rheticus disse para mudar as ideias de Copérnico quanto à publicação da sua obra. O seu diálogo, na peça em dois atos que se inicia na página 93 é uma invenção minha, embora as personagens digam as mesmas palavras que elas próprias escreveram em diversas cartas e tratados. Fora minha intenção que a peça tivesse autonomia, mas agradeço ao meu editor, George Gibson, o seu discernimento ao exortar-me a inseri-la no contexto amplo da história, rodeando as cenas imaginadas com uma narrativa factual, perfeitamente documentada, que conta a história da vida de Copérnico e segue o impacto da sua obra seminal, *Das Revoluções dos Corpos Celestes*, até aos dias de hoje.

PRIMEIRA PARTE

Prelúdio

Bendiz, ó minha alma, o Senhor! [...]
Fixastes acima das águas os Vossos aposentos, fazeis das nuvens o Vosso carro, caminhais sobre as asas dos ventos;
Fundastes a terra sobre bases sólidas, inabaláveis para sempre.

SALMO 104; 1, 3, 5

O grande mérito de Copérnico, e a base da sua reivindicação da descoberta em questão, é que não se satisfez com uma mera afirmação dos seus pontos de vista, mas dedicou grande parte do trabalho de uma vida à sua demonstração e, assim, colocou-os sob uma tal luz, que tornou inevitável a sua aceitação última.

EXTRAÍDO DE *POPULAR ASTRONOMY* (1878),
POR SIMON NEWCOMB, PRESIDENTE
FUNDADOR DA AMERICAN ASTRONOMICAL SOCIETY

CAPÍTULO 1

Epístolas Morais, Rústicas e Amorosas

O grilo é um ser musical. Quando desponta a alvorada, começa a cantar. Mas muito mais alto e vociferante, segundo a sua natureza, é ouvido ao meio-dia, por estar embriagado pelos raios do Sol. À medida que o cantor chilreia, transforma então a árvore num palco e o campo num teatro, dando um concerto para os caminhantes.

EXTRAÍDO DE *CARTAS DE THEOPHYLACTUS SIMOCATTA*,
A PRIMEIRA OBRA PUBLICADA POR COPÉRNICO, 1509

Nicolau Copérnico, o homem responsável por ter virado do avesso a nossa perceção do cosmos, nasceu na cidade de Torun, que fazia parte da «Velha Prússia», no reino da Polónia, às 4 e 48 da tarde de sexta-feira, dezanove de fevereiro de 1473. O seu horóscopo para esse momento auspicioso (que se encontra na Biblioteca do Estado da Baviera, em Munique) mostra o Sol a 11º de Peixes na sexta casa, enquanto Júpiter e a Lua estão «em conjunção», ou praticamente justapostos, e 4º e 5º, respetivamente, de Sagitário, na terceira casa. Independentemente das pistas sobre o caráter e o destino que esses dados possam conter, esta carta astral é uma construção posterior, criada no final da vida do astrónomo e não no seu começo (com a hora do nascimento calculada, por oposição à copiada de uma certidão de nascimento). No momento em que foi elaborado o seu horóscopo, os compatriotas de Copérnico já sabiam que ele gerara um universo alternativo – que desafiara a opinião comum e a sabedoria herdada para colocar o Sol no centro do céu e, em seguida, pôr a Terra a movimentar-se à sua volta.

Copérnico, que estava à beira dos setenta anos, tinha poucos motivos para recordar a data exata do seu nascimento, quanto mais a hora do mesmo, com uma precisão que chegasse aos minutos. Nem expressara alguma vez a mais ínfima crença em quaisquer prognósticos astrológicos. No entanto, o seu companheiro da altura, um partidário fervoroso da «arte jurídica», exigiu, ao que parece, informações biográficas a Copérnico para ver como se alinhavam os seus astros.

Os símbolos e os compartimentos triangulares do horóscopo colocam o Sol, a Lua e os planetas acima ou abaixo do horizonte, ao longo do zodíaco – o anel de constelações através do qual parecem vaguear. As notações numéricas descrevem mais precisamente onde se encontram de momento, relativamente aos doze símbolos e também às chamadas doze casas que regem os reinos da experiência de vida. Embora o diagrama convide à interpretação, não sobreviveu, para o acompanhar, qualquer conjetura. Um astrólogo moderno, convidado a analisar o caso de Copérnico, usou *software* informático para desenhar uma nova configuração sob a forma de uma roda e acrescentou corpos do sistema solar que eram desconhecidos no seu tempo. Assim, Úrano e Neptuno entraram para a terceira casa, ao lado da Lua e de Júpiter, enquanto Plutão, uma força escura, se manifestava em oposição ao Sol, a 16º de Virgem na primeira casa. A oposição Plutão-Sol fez arfar o astrólogo, que afirmou tratar-se da marca distintiva de um revolucionário nato.

O plano ousado de reforma astronómica que Copérnico concebeu e, em seguida, alimentou durante décadas, no seu tempo livre, surgiu-lhe como o esquema da «simetria maravilhosa do Universo». Apesar disso, avançou cautelosamente, comunicando primeiro a ideia a alguns dos seus colegas matemáticos, sem nunca tentar fazer proselitismo. Durante todo esse tempo, revoluções reais e sanguinárias – a Reforma Protestante, a Revolta dos Camponeses, guerras com os Cavaleiros Teutónicos e os turcos otomanos – fervilhavam em seu redor. Adiou tanto a publicação da sua grande obra, *Das Revoluções dos Corpos Celestes*, que, quando esta saiu finalmente do prelo, o seu autor já exalara o último suspiro. Nunca ouviu nenhuma das críticas, ou louvores, que esperava sobre *Das Revoluções*. Algumas décadas após a sua morte, quando as primeiras descobertas dos telescópios proporcionaram credibilidade às suas intuições, o Santo Ofício da Inquisição condenou a sua obra. Em 1616, *Das Revoluções* foi incluído no *Índex de Livros Proibidos*, onde permaneceu durante mais de duzentos anos. O conflito filosófico e as alterações da perceção gerados pelas suas ideias são referidos por vezes como a Revolução Copernicana.

Recebeu o nome de batismo do pai – Mikolaj, em polaco, Niklas, em alemão, a sua língua pátria. Mais tarde, como académico, latinizou o nome, mas cresceu como Niklas Koppernigk, o segundo filho do sexo masculino e também o mais novo de uma família de comerciantes das regiões das minas de cobre da Silésia. A sua aldeia ancestral de Koperniki podia ter tirado o nome da palavra eslava para o aneto, *koper*, ou o termo do alemão antigo para o mineral lá extraído, *kopper* – ou talvez homenageasse esses dois produtos das duas encostas. De qualquer modo, as raízes da etimologia de Koperniki estavam já esquecidas na época em que as gerações mais novas da família começaram a deixar o lar para tentarem melhor sorte nas vilas e nas cidades. Um armeiro chamado Mikolaj Kopernik apareceu nas crónicas da cidade de Cracóvia em 1375, seguido de uma menção ao pedreiro Niclos Kopernik, em 1396, e ao cordoeiro Mikolaj Kopernik, em 1439, todos com o nome da terra natal dos seus antepassados e do seu santo padroeiro.

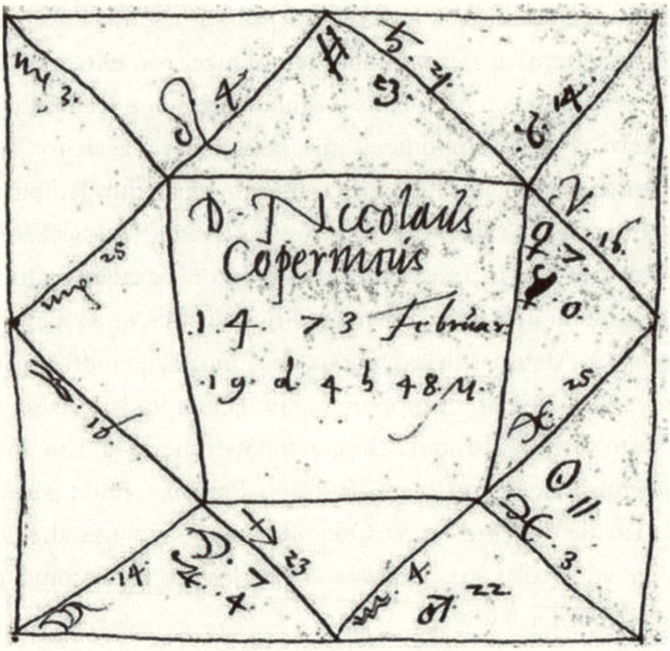

HORÓSCOPO DE NICOLAU COPÉRNICO

No tempo de Copérnico, astrónomos e astrólogos partilhavam o mesmo conjunto de informações sobre as posições dos corpos celestes contra o pano de fundo das estrelas. Até à invenção do telescópio, no século XVII, a determinação da posição e a previsão da posição constituíam a totalidade da ciência planetária – e a base para a elaboração de horóscopos.

Cerca do ano de 1456, o regedor Mikolaj Koppernigk, que negociava cobre húngaro, deslocou-se para norte, de Cracóvia para Torun, onde se casou com Bárbara Watzenrode. Viviam na estreita Travessa de Santa Ana, mais tarde chamada Rua Copérnico, e criaram quatro filhos numa casa alta de tijolo que hoje é um museu em memória do seu filho famoso. Da porta dupla principal, sob o arco em ogiva da casa, os seus dois rapazes, Andreas e Niklas, podiam ir a pé para as aulas na escola paroquial da Igreja de São João, ou até ao armazém da família perto do amplo rio

Vístula, que ia de Cracóvia a Torun, passando por Varsóvia, transportando o fluxo do comércio para Danzig, no mar Báltico.

Pouco depois de o jovem Niklas completar dez anos, o velho Niklas morreu. Consternados, os filhos e as filhas, bem como a mulher, procuraram ajuda junto do irmão desta, Lukasz Watzenrode, que era um clérigo menor, ou «cónego», numa diocese próxima. Ou talvez Bárbara, cuja data de falecimento é desconhecida, tivesse morrido antes do marido, deixando a sua ninhada verdadeiramente órfã. Fosse como fosse, as crianças ficaram entregues aos cuidados do tio. O cónego Watzenrode celebrou um contrato de casamento da sua sobrinha, Katyryna, com Bartel Gertner, de Cracóvia, e colocou a sua sobrinha Bárbara no convento cisterciense de Kulm. Pagou a escola dos jovens sobrinhos, primeiro em Torun e, mais tarde, em Kulm ou Wloclawek, até estarem prontos para frequentar a sua *alma mater*, a Universidade Jaguelónica, em Cracóvia. Nessa altura, o tio Lukasz tinha progredido de uma posição medíocre na hierarquia católica para se tornar bispo de Varmia.

Uma página de caligrafia gótica, nos arquivos do Collegium Maius da Universidade Jaguelónica, atesta que Nicolau Copérnico, de dezoito anos, pagou integralmente as propinas para o outono de 1491. Estudou lógica, poesia, retórica, filosofia natural e astronomia matemática. De acordo com as matérias do seu currículo, o cobre e as outras substâncias vulgares comercializadas pelo pai não podiam ser considerados elementos no sentido moderno da tabela periódica. Em vez disso, eram formados por uma combinação dos quatro elementos clássicos: terra, água, ar e fogo. O céu, em contrapartida, consistia inteiramente numa quinta-essência, chamada éter, que diferia das outras quatro por ser inviolada e eterna. Os objetos vulgares, na Terra, deslocavam-se mais ou menos ao longo de linhas retas, procurando os seus lugares naturais na ordem do mundo ou sendo obrigados a isso por agentes exteriores. Os corpos celestes, todavia, estavam encasulados em esferas celestiais que giravam em círculos eternos perfeitos.

Os movimentos dos planetas captaram o interesse de Copérnico desde o início dos seus estudos universitários. Na faculdade, comprou dois conjuntos de tabelas para calcular as suas posições e mandou-os encadernar em conjunto, acrescentando dezasseis páginas em branco onde copiou partes de uma terceira tabela e escreveu diversas anotações. (Este volume feito de encomenda e outros restos da sua biblioteca pessoal, levados como despojos da Guerra dos Trinta Anos, pertencem hoje em dia à Universidade de Uppsala, na Suécia.) Copérnico explicou mais de uma vez a sua atração pela astronomia em termos de beleza, perguntando, retoricamente, «Que seria mais belo do que o céu, que contém todas as coisas belas?». Referiu também o «incrível prazer da mente» que retirava de contemplar «coisas instituídas na mais perfeita ordem e dirigidas por governo divino».

«Entre as muitas e variadas atividades literárias e artísticas de que se alimentam os talentos naturais do homem», escreveu, «penso que as que devem, acima de tudo, ser abraçadas e seguidas com o mais terno cuidado se relacionam com os mais belos e dignos objetos, mais merecedores de serem conhecidos. É esta a natureza da disciplina que trata com os movimentos divinos do mundo e o curso das estrelas.»

O retrato dele, que se encontra exposto no edifício da Câmara Municipal de Torun, apresenta uma figura jovem e bonita. Baseado num pretenso autorretrato há muito desaparecido, mostra Copérnico envergando um gibão vermelho, com lampejos pintados nos seus olhos escuros e no seu cabelo escuro. (A luz em cada uma das íris castanhas reflete, quando observada de perto, as altas janelas góticas das salas que frequentava.) Tinha um nariz comprido, uma sombra viril sobre os lábios cheios e uma ténue cicatriz que se estendia do canto do olho esquerdo subindo até à sobrancelha. Esta marca deu ânimo aos arqueólogos que, em 2005, recolheram o seu crânio entre a enorme quantidade de restos mortais sob a igreja onde fora enterrado. Um entalhe duplo sobre a órbita direita – e não a esquerda – parecia confirmar a sua identificação,

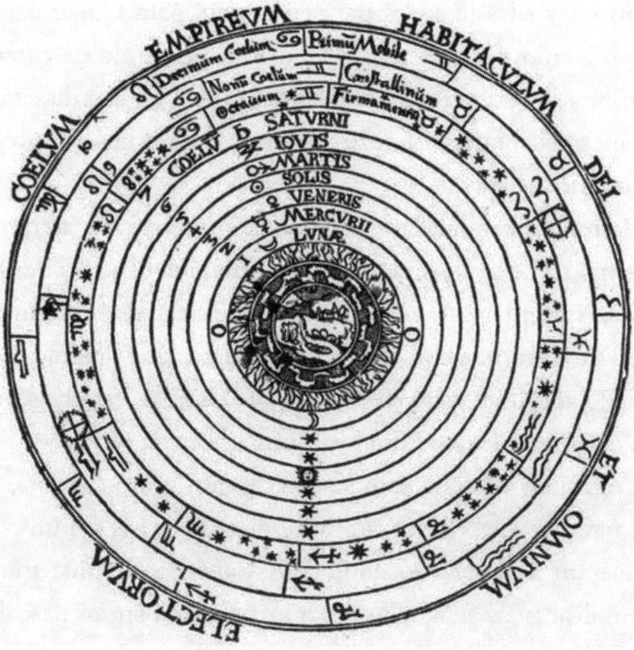

UNIVERSO DE ARISTÓTELES

Tal como Copérnico aprendeu na escola, o mundo que o rodeava era formado por quatro elementos: terra, água, ar e fogo. Muito distantes destas substâncias comuns, a Lua e outros corpos celestes consistiam numa quinta-essência, imune à mudança e à destruição. No céu perfeito, os corpos deslocavam-se com um movimento circular uniforme.

dado que quem quer que desenhe o seu próprio retrato se vê a si mesmo como a sua imagem no espelho.

Em setembro de 1496, uma vez mais obedecendo a ordens do tio, Copérnico viajou para Itália para estudar direito canónico, no que se refere aos direitos e deveres do clero, na Universidade de Bolonha. Apenas com um ano nesta atividade, tornou-se ele próprio cónego. A morte de um dos dezasseis cónegos de Varmia criou uma vaga, e o bispo Watzenrode usou as suas ligações para conseguir, para Copérnico, o cargo *in absentia*. Como décimo quarto cónego do capítulo da catedral – na realidade, curador do rico e poderoso órgão que regia a diocese de Varmia – Copérnico poderia auferir agora um rendimento independente da sua mesada.

Em Bolonha, instalou-se em casa do professor de astronomia local, Domenico Maria Novara, a quem ajudou em observações noturnas. Juntos, observaram a passagem da Lua sobre a estrela brilhante Aldebarã (o Olho do Touro da constelação do Touro), em 9 de março de 1497, e Copérnico registou nas suas anotações como a estrela se escondeu «entre os cornos da Lua no final da quinta hora da noite».

Após terminar os seus estudos de direito, visitou Roma, no verão de 1500, para as celebrações do ano do jubileu. Ele e outros peregrinos triplicaram a população da Cidade Santa, onde uma multidão de duzentas mil pessoas se ajoelhou para receber a bênção pascal do papa Alexandre VI. Ainda em Roma, a 6 de novembro, Copérnico observou e registou um eclipse parcial da Lua. Também fez palestras em Roma, sobre matemática, tanto para alunos como para peritos. Mas o seu futuro com a Igreja já fora decidido. A 27 de julho de 1501, encontrava-se numa reunião do capítulo da catedral, em Varmia, juntamente com o seu irmão mais velho, Andreas, que também aí obtivera uma conezia, uma prenda do tio Lukasz. Os dois jovens pediram licença para regressarem a Itália para prosseguirem os estudos e obtiveram a bênção do capítulo. Partiram quase de imediato para Pádua, onde Copérnico estudou medicina como preparação para uma carreira como «físico responsável pela cura» do bispo e cónegos de Varmia.

No seu romance *Doctor Copernicus*, John Banville imagina os irmãos a equiparem-se para a viagem «com dois fortes varapaus, bons casacos espessos e forrados com pele de ovelha contra o frio alpino, um isqueiro, uma bússola, dois quilos de bolachas de marinheiro e um pequeno barril de carne de porco salgada». Esta e outras descrições vivas – uma das quais

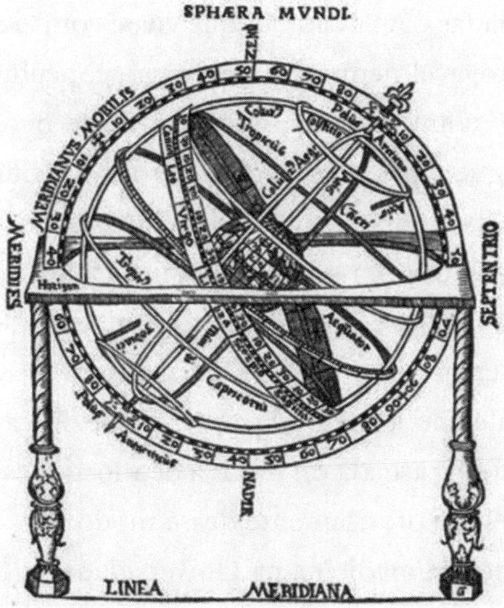

O ZODÍACO

O universo geocêntrico que Copérnico herdou está retratado no frontispício de um dos seus livros favoritos, o Epítome do Almagesto de Ptolomeu, *de Regiomontanus. Ele e outros astrónomos mediram os movimentos das estrelas «errantes» – os planetas, o Sol e a Lua – através da faixa de estrelas «fixas» chamada o Zodíaco. O Sol levava cerca de um mês a progredir através de cada signo, completando o circuito entre o carneiro, Áries, e os peixes, Pisces, num ano. Uma vez que as constelações reais variam consideravelmente de tamanho, os astrónomos atribuíram, de uma forma arbitrária, o mesmo duodécimo de um círculo, ou 30º, a cada signo do Zodíaco.*

mostra «Nicolau» a coser moedas de ouro no forro da sua capa – preenchem as lacunas da verdadeira história da sua vida. Os historiadores reconstruíram-na a partir das poucas obras que publicou e dos diversos arquivos onde deixou o seu nome. A correspondência de toda a sua vida resume-se hoje a dezassete cartas assinadas que sobreviveram. (Destas, três estão relacionadas com a mulher que viveu com ele como cozinheira e governanta, e provavelmente também como concubina.)

«As estalagens eram terríveis, fervilhantes de piolhos e salteadores e meretrizes bexiguentas», prossegue a narrativa, feita por Banville, da viagem dos irmãos. «E então, numa noite chuvosa, quando atravessavam uma meseta alta sob um céu sulfuroso e ameaçador, um grupo de cavaleiros precipitou-se sobre eles, gritando. Eram bandidos feios, andrajosos e magros, desertores de uma qualquer guerra distante... Os irmãos observaram em silêncio a sua mula a ser levada. A capa suspeitamente pesada de Nicolau foi rasgada e a reserva de moedas espalhou-se.» Tudo poderia ter acontecido precisamente desse modo.

Como estudante de medicina na Universidade de Pádua, Copérnico aprendeu técnicas terapêuticas, como sangrias com sanguessugas, destinadas a equilibrar os quatro humores corporais: sangue, fleuma, bílis negra e bílis amarela. Todas as manifestações de saúde ou doença decorriam de um excesso ou deficiência de um ou mais destes fluxos. O próprio cabelo grisalho era provocado por «humores corruptos» e podia ser adiado com a receita adequada. Copérnico assistiu também a dissecções anatómicas, estudou procedimentos cirúrgicos e recebeu formação em aplicação da astrologia no diagnóstico e no tratamento. Entre os seus manuais, que ficaram com ele até à morte e são referidos no seu testamento, contava-se a edição de 1485 do *Breviarium practicae*, de Arnaldus de Villanova, um médico e alquimista do século XIII.

«Para produzir um sono tão profundo que o paciente pode ser cortado e não sente nada, como se estivesse morto», aconselhava Arnaldus, «pegai em ópio, casca de mandrágora e raiz de meimendro negro em partes iguais, esmagai-os em conjunto e misturai com água. Quando quiserdes coser ou cortar um homem, mergulhai um trapo nesta solução e aplicai-lha sobre a testa e as narinas. Em breve adormecerá tão profundamente que podereis fazer o que quiserdes. Para o acordar, mergulhai o trapo em vinagre forte.»

Copérnico interrompeu os estudos de medicina ao fim de dois dos três anos necessários. Como nunca se tinha licenciado em nenhuma das universidades que frequentara, viajou para Ferrara em maio de 1503, apresentou-se ao exame de direito canónico e recebeu o grau de doutor. Alguns estudiosos de Copérnico pensam que fez isso para evitar a agitação dos rituais de iniciação no pátio da universidade, em Pádua, «Il Bo», para não falar no custo dos honorários pagos aos examinadores e no jantar que um novo licenciado deveria oferecer. De Ferrara, regressou à Polónia – a Varmia – para sempre.

❁

A catedral de Varmia erguia-se, tal como ainda hoje se ergue, no alto de uma colina sobre a baía do Vístula. A grande igreja de tijolo alça-se em torreões e espiras góticos de uns alicerces de pedra assentados no século XIV. Alguns edifícios pequenos, um campanário e um poço tapado juntam-se em redor da igreja, rodeados, por sua vez, por altas paredes fortificadas, coroadas por ameias e seteiras. O fosso e a barbacã desapareceram, mas as entradas conservam os espessos e pesados portões de madeira e as grades medievais que ainda hoje podem cair com um peso fatal.

A presença da catedral dedicada à Virgem Maria deu o nome a Frauenburg, ou «a cidade de Nossa Senhora», à comunidade adjacente. Frauenburg (conhecida hoje em dia como Frombork) era uma das várias cidades que formavam a diocese de Varmia. O imponente paço episcopal, onde o Doutor Copérnico começou por ir viver e trabalhar para o tio, fica a oitenta quilómetros, em Heilsberg (hoje, Lidzbark Warmiński). A distância de oitenta quilómetros parece extremamente incómoda, considerando que eram necessários dois dias para a percorrer ao ritmo dos transportes disponíveis, mas só ocasionalmente era necessária a presença do bispo Watzenrode na catedral. A 11 de janeiro de 1510, por exemplo, chegou lá à frente de uma procissão oficial, tendo trazido a relíquia sagrada que se dizia ser a cabeça de São Jorge desde Heidelberga.

O bispo de Varmia, que era tanto príncipe como prelado, governava uma província de mais de dez mil quilómetros quadrados (que, na sua maioria, eram sua propriedade pessoal) com dezenas de milhares de habitantes. Era diretamente responsável perante o rei da Polónia. Com efeito, Watzenrode foi conselheiro de confiança de três reis sucessivos, no decurso do seu bispado, partilhando com eles os seus sonhos de glória polaca e o seu ódio aos cavaleiros da Ordem Teutónica, de longas capas brancas, cujas terras englobavam Varmia. Embora a ordem religiosa militar tivesse sido fundada na Terra Santa por cruzados, no final do século XII, mudara-se, após a queda de Acre para a Velha Prússia, onde se tornara dissoluta e perigosa. Amiúde, os cavaleiros saíam do seu castelo de Königsberg para saquear as vilas de Varmia – atacando até Frauenburg e a sua fortaleza-catedral.

O bispo Watzenrode fizera um filho ilegítimo em Torun, mas considerara o seu talentoso sobrinho como seu herdeiro presuntivo. Depois de ter apoiado Copérnico na sua ascensão dentro da Igreja, colocou-o então como médico episcopal e secretário pessoal, com uma possibilidade ilimitada de progressão. No entanto, o jovem não parecia suficientemente ambicioso. A sua mente afastava-se das sendas do poder, como sugerem as anotações que Copérnico fez durante os anos em que esteve ao serviço do bispo. Descrevem as posições de Marte, Júpiter e Saturno durante a Grande Conjunção no signo do Caranguejo, em 1504, e o eclipse lunar que ocorreu a 2 de junho de 1509.

O polímato francês Pierre Gassendi, que escreveu a primeira biografia existente de Copérnico, em 1654, mais de um século depois da morte do astrónomo, afirmou que ele tratava as doenças dos pobres sem lhes cobrar quaisquer honorários. Embora seja fácil e tentador presumir a bondade do seu coração, os camponeses de Varmia não tinham provavelmente dinheiro para pagarem os seus serviços, nem ele a menor necessidade dos seus tostões. Para além do rendimento da sua conezia, Copérnico recebia um segundo estipêndio de uma sinecura na Igreja da Santa Cruz em Wroclaw, que manteve durante trinta e cinco anos. Além disso, o capítulo da catedral de Varmia pagava-lhe uma gratificação anual por tratar dos achaques de saúde do bispo. Os registos mostram que, quando o bispo Watzenrode adoeceu, em 1507, o seu sobrinho conseguiu restituir-lhe a saúde.

Copérnico expressou publicamente a gratidão pelo tio dedicando-lhe a sua primeira obra publicada, saudando Watzenrode como «Ó justo reverendo governante e pai do nosso país». O texto oferecido nestes termos não foi a grande teoria coperniciana mas uma tradução, de grego para latim, de uma coletânea de cartas de um moralista do século VII de Constantinopla. Copérnico encontrou as oitenta e cinco cartas morais, rústicas e amorosas de Theophylactus Simocatta na biblioteca do cabido, num volume chamado *Epistológrafos*. As missivas pareciam mais fábulas e ensinamentos do que comunicados, mas gostou delas, disse, porque «Theophylactus misturou de tal modo o divertido com o sério, e o jocoso com o austero, que cada leitor pode retirar aquilo que mais lhe agrada nessas histórias, como um sortido de flores num jardim».

Uma das cartas tratava especificamente do dever de um tio para com um sobrinho: «Entre as éguas, há uma regra e parece-me bastante sábia. Na verdade, saúdo a sua profunda generosidade. Mas qual é essa regra? Se veem que um potro precisa de mamar e a mãe está longe, qualquer delas alimenta o potro. Porque não esquecem a sua própria espécie e, com uma única finalidade e sem má vontade, amamentam como se o estivessem a fazer ao seu verdadeiro descendente…

Agora vou aplicar-te este discurso. Desprezas o filho do teu irmão enquanto ele vai de porta em porta, envergando os andrajos mais miseráveis. Os teus sentimentos são menos sensíveis do que os das bestas. Alimentas os cães dos outros, porque isso é o que, com bastante propriedade, chamaria aos bajuladores que te rodeiam. Porque parecem ser totalmente leais desde que se empanturrem com a tua comida, miserável! No entanto, ladram-te constantemente, inclusive enquanto ainda estão a arrotar a bebida que acabaram de ingerir. Porque os bajuladores constituem uma raça que se lembra dos danos e esquece facilmente os favores. Portanto... toma finalmente conta do teu sobrinho. Se o não fizeres, terás a tua consciência como teu inimigo implacável, a afiar a sua espada com as lágrimas da Natureza.»

Felizmente para Copérnico, o seu tio Lukasz não precisara dessa admoestação para estender a sua mão generosa.

Angustiado quanto à receção das cartas eróticas, Copérnico afirmou tê-las expurgado por causa do bispo: «Tal como os médicos costumam alterar o amargor das drogas adoçando-as para as tornar mais agradáveis aos pacientes», escreveu na dedicatória, «também essas cartas foram retificadas da mesma forma». Mesmo assim, fazem referência à luxúria, a desejos carnais, a paixão irracional, prostituição, infidelidade, aborto e infanticídio.

Um amigo de Copérnico, Wawrzyniec Korwin (que escreveu com o nome Laurentius Corvinus), levou o manuscrito do livrinho para Cracóvia, a fim de ser impresso, em 1509. Nessa data, ainda não havia qualquer tipografia perto de Varmia, ou até em Torun. Korwin escreveu também um poema introdutório para a obra. Os seus versos apresentavam uma avaliação do caráter do bispo – «conspícuo pela sua piedade» e «reverenciado pelo seu porte grave» – dando a entender que Watzenrode pode ter exercido a generosidade sem grande entusiasmo. Quanto ao «estudioso que traduz esta obra», Korwin sabia que estava envolvido em tarefas mais elevadas: «Discute o curso ágil da Lua e os movimentos alternantes do seu irmão, bem como das estrelas, juntamente com os planetas errantes – a criação maravilhosa do Todo-Poderoso – e sabe como procurar as causas ocultas dos fenómenos recorrendo a princípios maravilhosos.»

Copérnico já estava a elaborar uma nova conceção da ordem das esferas celestes. Com efeito, todo o esforço para aprender grego – e exercitar os seus conhecimentos nas cartas morais, rústicas e amorosas de Theophylactus Simocatta – parece ter sido um pré-requisito para estudar as obras de astrónomos gregos e consultar o antigo calendário grego/egípcio, de modo a datar corretamente as suas observações da antiguidade.

Em meados de 1510, Copérnico comunicou de alguma forma ao bispo reinante de Varmia que não aspirava ser o futuro prelado, uma vez que abandonou o palácio. Depois de se ter instalado perto da catedral de Frauenburg, deixou de acompanhar o tio em missões diplomáticas – nem sequer a Cracóvia, em fevereiro de 1512, para o casamento do rei Segismundo e a coroação da sua nova rainha, a jovem aristocrata húngara Bárbara Zapolya. Sem dúvida alguma que o bispo Watzenrode se arrependeu da ausência do sobrinho dessas festividades, sobretudo na viagem de regresso, em que adoeceu com febre. Parou em Torun, esperando recuperar lá antes de continuar para Heilsberg, mas a sua situação só piorou. Morreu três dias depois, a 29 de março, com sessenta e quatro anos.

A última carta de Theophylactus tratava da morte e das suas lições para os vivos. «Passeai entre as pedras tumulares», aconselhava aos que se sentiam esmagados pela dor. «Então, contemplareis as maiores alegrias do homem quando, no final, elas assumirem a leveza do pó.»

CAPÍTULO 2

O Breve Esboço

O centro da Terra não é o centro do Universo, mas apenas o centro para o qual se deslocam as coisas pesadas e o centro da esfera lunar.

EXTRAÍDO DE *COMENTARIOLUS*, OU *BREVE ESBOÇO*, DE COPÉRNICO, CERCA DE 1510

Em 1510, quando Copérnico, aos trinta e sete anos, assumiu o seu cargo de cónego residente de Varmia em Frauenburg, o capítulo da catedral atribuiu-lhe uma casa, ou cúria, fora dos muros da fortificação, juntamente com dois criados e três cavalos como privilégios adicionais do seu cargo. O influente capítulo regia as vidas dos cónegos seus membros, bem como as dos residentes nas aldeias de centenas de quilómetros em redor, para não referir os inúmeros camponeses que aravam os milhares de hectares de terras que eram propriedade da Igreja e providenciavam os meios de subsistência aos cónegos. Copérnico também tomou posse de um altar que lhe fora atribuído pessoalmente, na nave da catedral. Era o quarto do coro, à direita – dedicado a São Venceslau. Como não possuía Ordens Maiores, Copérnico não podia celebrar ali a missa pessoalmente mas, por outro lado, nem o seu irmão nem a grande maioria dos outros cónegos podiam fazê-lo, uma vez que também haviam sido nomeados politicamente e não eram padres.

Copérnico conheceu alguém que era a exceção a esta norma: Tiedemann Giese, um cónego seu colega e sete anos mais novo, fora ordenado. Giese provinha de uma família muito conhecida de Danzig, onde fora reitor da Igreja de Pedro e Paulo. Partilhava com Copérnico um interesse permanente pela astronomia, adquirido talvez quando se tornaram amigos. Giese foi certamente o primeiro a ouvir Copérnico confessar o seu conhecimento secreto do cosmos. Imaginamos que a reação inicial do padre a estas ideias heterodoxas tenha sido, na melhor das hipóteses, cética, mas, com o passar do tempo, concordou e até encorajou Copérnico e o exortou a difundir a sua teoria.

Em 1510, Copérnico chegara à sua conclusão heliocêntrica através da intuição e da matemática. Não haviam sido necessárias quaisquer observações astronómicas. Escreveu um pequeno resumo da nova organização celeste, provavelmente também em 1510, e enviou-o a pelo menos um correspondente exterior a Varmia. Essa pessoa, por sua vez, copiou o documento para uma maior difusão e presume-se que os novos destinatários o tenham feito também, porque, em maio de 1514, quando o médico e professor de medicina de Cracóvia chamado Mateus de Miechow fez o inventário da sua biblioteca pessoal, esta continha: «Um manuscrito de seis folhas contendo uma *Theorica* [um ensaio de astronomia] em que o autor afirma que a Terra se move enquanto o Sol fica imóvel.»

Copérnico não fazia a menor ideia de que Aristarco de Samos propusera o mesmo no século III a. C. A única obra de Aristarco que Copérnico conhecia – um tratado chamado *Da Grandeza e da Distância do Sol e da Lua* – não fazia qualquer referência a um plano heliocêntrico. Copérnico estava sozinho, até ao momento, na sua Terra em movimento.

Os céus desafiam o astrónomo, comentou no parágrafo de abertura do seu *Breve Esboço*, a descrever todos os diversos movimentos dos cor-

Tiedemann Giese, cónego de Varmia.

pos divinos. Os seus mais antigos predecessores em cosmologia – aqui saudou Calipo de Cízico e Eudoxo de Cnido, do século IV a. C. – tinham inserido o Sol, a Lua e os planetas numa série de esferas concêntricas que rodeavam a Terra. Os primeiros astrónomos concebiam essas esferas como estruturas sólidas e invisíveis, cada uma delas transportando um único planeta. Mas essas simples esferas concêntricas não podiam explicar o brilho periódico dos planetas no céu, como se estivessem a aproximar-se. Sábios posteriores deram preferência a esferas excêntricas, com centros *perto* da Terra, mas não *nela*, para explicar a diferença de brilho e inclinaram o eixo de cada esfera num ângulo ligeiramente diferente, para permitir que os planetas subissem e descessem dentro da faixa do zodíaco. No entanto, uma esfera única não poderia conter as inversões periódicas de direção de um planeta. Quem quer que observasse os errantes, noite após noite, via-os, repetidamente, abrandar, parar e depois recuar em relação ao fundo de estrelas, durante semanas ou meses seguidos, para finalmente pararem e partirem de novo no sentido por onde antes iam – e o seu brilho oscilava sempre. Para explicar este comportamento de círculo fechado, alguns astrónomos imaginaram as esferas celestes como pistas claramente definidas, dentro de cada uma das quais reinava um único planeta. Dentro da esfera de Marte, por exemplo, o planeta circulava numa ou mais esferas subsidiárias, chamadas epiciclos, cujos movimentos conjugados explicavam a sua posição, em constante mudança, no céu. O mestre indiscutível deste número de equilíbrio, Cláudio Ptolomeu, brilhou em Alexandria perto de 150 d. C.

Ptolomeu resolveu tão eficazmente o problema da complexidade celestial no século II, que continuava a ser a autoridade reinante no XVI. Seguindo as instruções de Ptolomeu e usando as suas tabelas, um astrónomo podia calcular aproximadamente a posição de qualquer planeta a qualquer altura, no passado ou no futuro. Como que para comemorar a magnífica façanha de Ptolomeu, o seu livro acabou por ser conhecido pela primeira palavra do título da tradução árabe, *Almagesto* – «O Maior» – em vez do nome grego mais modesto que o autor lhe dera, *Mathematike syntaxis*, ou «Tratado Matemático».

Copérnico reverenciava Ptolomeu como «o mais notável dos astrónomos». Ao mesmo tempo, contestava o modo como Ptolomeu violava o axioma básico da astronomia, que afirmava que todos os movimentos planetários têm de ser circulares e uniformes, ou formados por partes circulares e uniformes. Ptolomeu harmonizava a sua ideologia geocêntrica com os dados acumulados sobre velocidades e posições planetárias atribuindo a cada esfera celeste um chamado equante – na verdade, um segundo eixo de rotação, descentrado em relação ao eixo verdadeiro. Embora os astrónomos considerassem impossível que qualquer esfera rodasse uniformemente em torno de um eixo descentrado, ignoraram o mau passo porque a técnica de Ptolomeu funcionava bem em teoria, e permitia fazer previsões. No entanto, a mente de Copérnico «arrepiava-se» ao pensar nisso.

Mantendo-se fiel a um ideal mais puro, como explicou no *Breve Esboço*, Copérnico procurara uma nova via para os resultados de Ptolomeu, sem cometer o crime deste de violar o princípio do movimento circular perfeito. No caminho para a sua nova solução, por razões que Copérnico decidiu não desenvolver, desalojara a Terra do seu local de repouso costumeiro, no centro do Universo, para pôr lá o Sol. Podia muito bem ter restabelecido o movimento circular uniforme do céu sem este reordenamento drástico dos corpos celestes, mas a partir do momento em

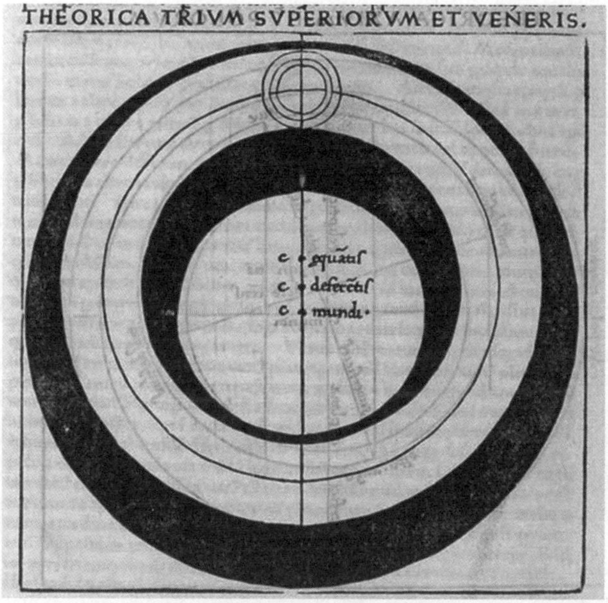

AS ESFERAS CELESTES

Cada planeta deslocava-se na sua própria esfera, ou região do céu. Tal como é mostrado nesta imagem de Theoricae novae planetarum, *publicado em Nuremberga no ano do nascimento de Copérnico, a esfera tem uma natureza tridimensional, suficientemente alta e ampla para conter as deslocações de um planeta. Dentro da esfera, o caminho principal do movimento do planeta traça um círculo fino centrado num ponto legendado como* c. deferentis. *É um círculo excêntrico, uma vez que a Terra (o centro do Universo), está colocada no ponto imediatamente abaixo,* c. mundi. *A legenda superior,* c. aequantis, *indica o ponto equante, a partir do qual o movimento do planeta parece uniforme.*

que lhe ocorreu a nova configuração, esta tornou-se, em si mesma, mais importante do que tudo.

«Todas as esferas rodeiam o Sol como se este estivesse no meio de todas elas e, portanto, o centro do Universo fica perto do Sol», escreveu. «Aqueles que nos pareciam movimentos do Sol não decorrem do seu movimento mas do movimento da Terra e da nossa esfera, com a qual giramos em redor do Sol como qualquer outro planeta.»

Com um gesto simples, transformara a Terra num planeta e pusera-a a girar. Com efeito, via-a impelida de três formas, em três rotas circulares. A primeira fazia-a progredir em redor do Sol, todos os anos. A segunda fazia-a rodar diariamente, produzindo o fogo-de-artifício celeste da alvorada, do ocaso e daquilo a que chamava o «rodopio temerário» das estrelas durante a noite. O terceiro movimento fazia oscilar, lentamente, os polos, ao longo do ano, para explicar a direção de inclinação do eixo da Terra.

«Todo e qualquer movimento que apareça na esfera das estrelas fixas não lhe pertence mas sim à Terra», prosseguiu. «Assim, toda a Terra, juntamente com os elementos próximos» – querendo dizer com isto os oceanos e o ar – «roda com um movimento diário sobre os seus polos fixos, enquanto a esfera das estrelas fixas permanece imóvel e é o céu mais afastado».

Até Ptolomeu admitira, uma vez, que poderia ser mais fácil, em teoria, deixar girar a Terra do que esperar que todo o firmamento rodasse totalmente mais ou menos a cada vinte e quatro horas – só que a ideia de a Terra girar era «perfeitamente ridícula, mesmo como mero pensamento».

Mal Copérnico sugeriu que o Sol e a Terra trocassem de lugar, os planetas inseriram-se numa nova ordem lógica. Ordenaram-se a partir do Sol para o exterior segundo a sua velocidade de revolução, de modo que Mercúrio, que havia muito se observara ser o mais rápido, era também o mais próximo, seguindo-se-lhe Vénus, depois a Terra, Marte, Júpiter e, finalmente, Saturno, o mais lento. Na visão geocêntrica, nenhuma observação ou teoria resolvera alguma vez a questão de qual o planeta que ficava imediatamente após a Lua – se Vénus ou Mercúrio – ou se o Sol orbitava antes, entre ou para além daqueles dois. Agora, sabia. Tudo se encaixava. Não era de admirar que a beleza do sistema se sobrepusesse ao absurdo do movimento da Terra. Esperava que a sua convicção pessoal levasse outros a verem as esferas tal como ele as via, mas, nesse momento, não apresentou quaisquer provas. Decidira, afirmou, «a bem da brevidade, deixar as demonstrações matemáticas fora deste tratado, uma vez que se destinam a um livro maior». Em seguida, contabilizou e clarificou todos os movimentos individuais dos planetas, chegando, no parágrafo final do *Commentariolus*, ao total geral: «Mercúrio desloca-se em sete círculos, no total; Vénus, em cinco; a Terra em três e, à sua volta, a Lua, em quatro; finalmente, Marte, Júpiter e Saturno em cinco, cada um. Logo, em conjunto, bastam trinta e quatro círculos para explicar toda a estrutura do Universo e todo o bailado dos planetas.»

Com toda a certeza, Copérnico previu o ridículo a que ia ser sujeito pelos seus contemporâneos. Se a Terra rodava e se deslocava a grande velocidade, poderiam defender, então tudo o que não estivesse pregado ao solo sairia a voar. As nuvens e as aves seriam deixadas para trás. Ademais, os seus colegas astrónomos podiam insistir em que a Terra deveria estar verdadeiramente no centro – não porque o lar da humanidade merecesse qualquer importância especial no esquema cósmico, mas porque as coisas pesadas e terrenas caíam para repousar ali e porque a mudança e a morte aconteciam aos habitantes da Terra. A Terra representava o fosso, e não o pináculo, da Criação. Portanto, não deveria ousar-se enfiar o Sol – «a lanterna do Céu», como muitos lhe chamavam – no buraco do Inferno, no centro do Universo.

Diversos astrónomos islâmicos dos séculos XIII e XIV tinham entrado em desacordo com Ptolomeu pelas mesmas razões que Copérnico. Nasir al-Din al-Tusi e Ibn al-Shatir, por exemplo, conseguiram corrigir as violações do círculo de Ptolomeu sem que fosse necessário a Terra mover-se ou abandonar o seu lugar central. Copérnico usou alguns dos mesmos mecanismos matemáticos na sua revisão de Ptolomeu, mas chegou às suas conclusões únicas sobre o caráter central do Sol, a mobilidade da Terra e a grandiosa inflação do cosmos que a sua conceção exigia.

Se a Terra se deslocava em redor do Sol, como defendia, então duas estrelas vizinhas pareceriam ora ligeiramente mais próximas entre si, ora mais afastadas, ao longo do ano. No entanto, as estrelas nunca apresentavam um deslocamento desse tipo, ou «paralaxe». Copérnico contornou a ausência de paralaxe com a suposição de que as estrelas seriam demasiado longínquas para a revelarem. Aumentou mais de cem vezes a sua distância – tão longínqua que a separação entre a Terra e o Sol se reduzia, em comparação, a uma insignificância. «Comparada com a grande altura da esfera das estrelas fixas», afirmou, «a distância entre o Sol e a Terra é impercetível.» O enorme abismo que, de repente, se escancarava entre Saturno e as estrelas não perturbava Copérnico, uma vez que já tinha pronta uma explicação para ele na omnipotência do Criador: «Igualmente vasta, inquestionavelmente, é a obra divina do excelentíssimo Todo-Poderoso.» Além da periferia das estrelas, Deus e os Seus Anjos pairavam no céu invisível do Empíreo.

Depois de ter terminado o *Commentariolus*, cerca de 1510, Copérnico iniciou o trabalho lento de elaboração da sua teoria. Os trinta e quatro círculos do bailado planetário exigiam agora especificações de desenho exatas, tais como o raio de cada uma, a sua velocidade de rotação e a sua relação espacial com as outras trinta e três. Conseguia calcular muitos desses mais de cem parâmetros usando métodos e tabelas consagrados pelo uso. Depois, testaria os valores fazendo as suas próprias observações.

No entanto, o capítulo esperava outras coisas dele.

Em novembro de 1510, Copérnico e o seu colega cónego Fabian Luzjanski, que estudara com ele em Bolonha, deslocaram-se, numa missão importante, às regiões meridionais do capítulo. Aí, receberam a soma importante de 238 marcos – o rendimento total de um ano de trabalho dos camponeses em terras da Igreja – para ser transportada, em segurança, para Frauenburg. Considerando que os Cavaleiros Teutónicos roubavam, regular e implacavelmente, a população de Varmia, os dois mensageiros percorreram os quase duzentos quilómetros do caminho de regresso, entre bosques, em perigo constante de serem atacados e aliviados da sua carga de moedas. (O papel-moeda ainda não entrara em circulação na Europa.) Quando chegaram a Frauenburg sem incidentes, distribuíram os fundos pelos cónegos, segundo o costume.

Em novembro do ano seguinte, o capítulo nomeou Copérnico seu chanceler, encarregado de superintender as contas financeiras e elaborar toda a correspondência oficial. O ritmo e o volume dessa correspondência aumentaram quando da morte súbita do seu tio, o bispo, a 19 de março de 1512. Uma semana depois do falecimento de Lukasz Watzenrode, os cónegos reuniram-se, a 5 de abril, para eleger um sucessor. Votaram unanimemente em Fabian Luzjanski – menos o próprio Luzjanski, que escreveu outro nome no seu voto. No dia seguinte, os cónegos reuniram-se de novo e escolheram Tiedemann Giese para levar a cabo as necessárias negociações de conformação com o Vaticano. A 1 de junho, o capítulo precisou de mais dois porta-vozes para refutar as objeções do rei relativamente ao bispo nomeado. O rei Segismundo não encontrava qualquer defeito especial em Luzjanski; preferia, pura e simplesmente, colocar os seus próprios candidatos em tais cargos. A disputa entre Roma, Cracóvia e Varmia por causa do episcopado arrastou-se pelo verão e o outono. A 7 de dezembro, nos termos de um novo acordo, Segismundo aceitou finalmente Luzjanski, em troca do direito de aprovação final de todas as escolhas futuras de bispos. Ademais, todo o capítulo devia fazer um juramento de fidelidade à Coroa, o que foi feito a 28 de

INSTRUMENTOS ASTRONÓMICOS

Entre Frauenburg e Roma – os limites setentrional e meridional das viagens da sua vida – Copérnico pôde ver a maior parte das mesmas mil estrelas que os astrónomos anteriores do Egito, Babilónia, Grécia e Pérsia tinham observado. Mediu a latitude e a longitude celestiais de cada estrela para criar um catálogo estelar, que publicou em Das Revoluções, *Livro II, capítulo 14. Determinou também as posições dos planetas contra o fundo de estrelas. Com o seu* triquetrum *de madeira, semelhante ao representado aqui, podia avaliar a altitude de um corpo deslocando a barra articulada até as suas miras enquadrarem o planeta ou a estrela, e lendo em seguida a sua elevação na escala inferior calibrada.*

dezembro, confiando em que, em contrapartida, o rei honraria a sua promessa de proteção real.

Apenas um cónego não assinou o novo acordo nem jurou lealdade ao rei polaco. Foi o irmão de Copérnico, Andreas. O capítulo libertara-o de todas as responsabilidades em Frauenburg quando contraíra lepra e, temendo o contágio, obrigara-o a abandonar a região antes da investidura formal do bispo Fabian. Não podiam despojá-lo da sua conezia, que era um cargo vitalício, mas a morte iria fazê-lo muito em breve. Nem mesmo o doutor Nicolau podia curar a maldição bíblica daquela doença dolorosa e desfigurante. Havia concorrentes ávidos que já rivalizavam para se tornarem o «coadjutor» de Andreas – a pessoa com autorização legal para desempenhar os seus deveres enquanto ele vivesse, e assumirem todas as suas funções, após a sua morte. Todos os cónegos, sem exceção, podiam nomear um parente qualificado e merecedor para desempenhar essas funções. Naturalmente o rei Segismundo também tinha em mente alguns candidatos.

Enquanto Andreas partia para Itália, à procura do alívio que pudesse encontrar, Copérnico aceitou uma nova linha de deveres como supervisor da moagem, da padaria e da cervejaria do capítulo. Estes estabelecimentos forneciam pão e cerveja aos cónegos – e também serviam os camponeses, mediante o pagamento de taxas, que Copérnico precisaria de lhes cobrar.

A 31 de março de 1513, segundo o livro-razão da contabilidade de Varmia, «O Doutor Nicolau pagou ao tesouro do Capítulo 800 tijolos e um barril de cal clorada do estaleiro da Catedral». Com estes materiais, construiu uma plataforma nivelada num jardim perto da sua cúria. Nesse momento, já havia trocado a primeira residência que lhe fora dada por esta nova, que deveria ter uma situação melhor para os fins que pretendia. O grande pátio pavimentado, ou *pavimentum*, como chamou à sua construção, proporcionava uma vista sem entraves do céu e uma base sólida para os seus instrumentos astronómicos. Possuía três com os quais fazia medições do céu: um *triquetrum*, um quadrante e uma esfera armilar. Nenhum destes dispositivos dispunha de lentes ou aguçava de alguma forma a sua visão. Pelo contrário, funcionavam como ferramentas de agrimensor, para o ajudarem a elaborar um mapa das estrelas e determinar os caminhos da Lua e dos planetas.

Na primavera de 1514, aproveitando uma redistribuição dos bens do capítulo, Copérnico adquiriu uma residência dentro do complexo da catedral. Conservando embora a sua propriedade e o *pavimentum* no exterior, pagou 175 marcos por uma espaçosa torre de três andares no canto noroeste da muralha da fortificação, com cozinha e quarto para a criadagem. O último andar deixava entrar a luz por nove janelas e conduzia a uma galeria, mas ele continuava a preferir fazer as suas observações na plataforma do pátio. Tirava horas ao sono para aí ficar de vigia, empoleirado acima de 54º de latitude norte, numa encosta arborizada onde o ar era pesado devido às brumas da baía do Vístula.

«Os antigos tinham a vantagem de um céu mais límpido», escreveu, em sua própria defesa. «O Nilo, por assim dizer, não exala uns vapores tão húmidos como os que recebemos do Vístula.» No local onde se situava o mítico observatório de Ptolomeu, junto ao Nilo, com o seu clima quase tropical, os planetas subiam quase na vertical a partir do horizonte, em vez de pairarem ao longo da linha das copas das árvores, e deslocavam-se bem alto no céu, sendo vistos facilmente em inúmeras noites sem nuvens.

Tudo o que Copérnico sabia sobre Ptolomeu quando elaborou o *Comentariolus*, aprendeu-o numa interpretação abreviada da obra de Ptolomeu, chamada *Epítome do Almagesto de Ptolomeu*, publicada em Veneza em 1496. Então, no momento em que lançava o seu projeto pessoal de investigação rigorosa para rever a astronomia, o texto integral do *Almagesto* de Ptolomeu ficou disponível pela primeira vez numa tradução latina impressa. Copérnico leu avidamente o seu exemplar, cobrindo as margens de anotações e diagramas.*

* O erudito medieval Gerardo de Cremona (1114-1187) compilou essa edição a partir de várias traduções árabes do texto grego original (perdido). Considera-se que Gerardo completou a obra em Toledo em 1175, mas a sua publicação esperou meio século após a invenção da imprensa, até à sua edição em Veneza em 1515.

Copérnico encontrou, no *Almagesto*, um modelo para o livro que queria escrever, no qual iria reconstruir a astronomia num quadro tão impressionante e duradouro como o de Ptolomeu. Entretanto, o *Commentariolus*, que já contém os mesmos elementos de *Das Revoluções*, já estava a dar-lhe nome como astrónomo. Este reconhecimento crescente foi responsável, sem dúvida, pelo convite que Copérnico recebeu, de Roma, para ser consultor para a reforma do calendário. O calendário juliano que se encontrava então em uso, imposto por Júlio César em 45 a. C., sobrestimara em vários minutos a duração do ano. Com o passar do tempo, um pequeno erro fundamental traduzia-se no ganho de quase um dia por século. A Páscoa estava a caminho de se tornar um feriado de verão e todas as outras festas móveis da Igreja estavam a ficar igualmente desalinhadas com as estações. Portanto, o papa Leão X, no âmbito da ordem de trabalhos do Quinto Concílio de Latrão, convocou teólogos e astrónomos de todas as nações para corrigirem o erro. Copérnico apresentou pontualmente os seus comentários a Paulo de Middleburg, bispo de Fossombrone, que coordenou a tarefa do calendário durante o concílio, entre 1512 e 1517. O bispo registou o contributo do cónego polaco no relatório oficial. Infelizmente, não descreveu sequer os pontos essenciais da sugestão de Copérnico, e mais tarde, ainda mais infelizmente, a carta original de Copérnico perdeu-se.

CAPÍTULO 3

Arrendamentos de Quintas Abandonadas

Stenzel, o pastor, tomou posse de 3 courelas,
de onde Hans Calau fugiu. Stenzel recebeu um boi, 1 vaca,
1 leitão, 2 sacas de semente de centeio, mais nada.
E prometi acrescentar 1 cavalo.

EXTRAÍDO DE UMA ENTRADA DE COPÉRNICO
NO LIVRO-RAZÃO DE VARMIA, 23 DE ABRIL DE 1517

Juntamente com o seu nome e a sua fé, Copérnico herdou o conflito de longa data do seu país com os cavaleiros da Ordem Teutónica. Seu pai combatera-os frente a frente em Danzig e Torun, enquanto o seu avô materno, um vereador de Torun, lançava empréstimos para financiar os combates esporádicos da cidade com a ordem. Quando rapaz, Copérnico flanava pelas ruínas da cidadela dos cavaleiros, na sua cidade natal.

Os cavaleiros começaram a chegar a Torun no início do século XIII, saídos de um banho de sangue em Jerusalém, durante as cruzadas. Respondiam a um convite de vários duques e príncipes polacos para virem controlar elementos indisciplinados na província conhecida como Velha Prússia. Com rédea livre e mão pesada, os cavaleiros subjugaram as tribos balto-eslavas que causavam problemas à fidalguia rural e converteram os pagãos ao cristianismo. Levaram a cabo uma cruzada, durante cinco décadas, por todo um território que acabaram por considerar seu – apesar das reivindicações anteriores dos nobres seus anfitriões.

Os métodos brutais dos cavaleiros colidiam com os interesses da classe mercantil em ascensão e dos burgueses das cidades. Cerca de 1280, quando Torun aderiu à cooperativa comercial alemã chamada Liga Hanseática, os cavaleiros estabeleceram um grandioso novo quartel-general a norte, em Marienburg, junto ao rio Nogat. Este imponente castelo e outros fortes teutónicos ao longo dos cursos de água – juntamente com o porto de Danzig, que tomaram em 1308 – fizeram dos cavaleiros os guardiães do mar Báltico. Durante os cem anos seguintes, não levaram a cabo tantas pilhagens porque controlavam o comércio do âmbar. No entanto, a «Grande Guerra» que declararam à Polónia, em 1409, correu-lhes mal, porque os príncipes, antes dispersos, se uniram contra eles sob um novo e forte rei. Após essa derrota, o poderio dos cavaleiros diminuiu gradualmente.

Em 1454, mais ou menos na altura em que o mais velho Niklas Koppernigk se mudou para Torun, os residentes da cidade ergueram-se contra os cavaleiros. O primeiro recontro desta «Guerra dos Treze Anos» destruiu a fortaleza inicial dos cavaleiros. O golpe final, desferido com o Tratado de Torun, de 1466, despojou-os da metade ocidental do seu reino na Velha Prússia. A partir de então, Torun passou a pertencer à «Prússia Real», anexada oficialmente ao reino da Polónia. O rei Kazimierz IV ocupou o castelo dos cavaleiros em Marienburg, durante algum tempo, mas em breve se retirou para a tradicional residência real no castelo de Wavel, na sua Cracóvia natal.

Os cavaleiros retiraram-se para leste, onde continuaram a investir contra os seus vizinhos polacos. Varmia humilhava-os especialmente. Até a sua geografia constituía um insulto – o modo como aquela pequena bolha da Prússia Real penetrava na Prússia oriental por meio de um pescoço estreito e depois inchava dentro dessas fronteiras. O bispo Watzenrode repelira a agressão da Ordem durante os vinte anos do seu apogeu. Mas o bispo Luzjanski não tinha o poder de comando de Watzenrode e revelou-se um adversário fraco para o jovem Alberto von Hohenzollern, trigésimo sétimo grão-mestre dos cavaleiros da Ordem Teutónica.

Alberto tinha apenas vinte anos quando os cavaleiros o elegeram seu chefe, em 1511. Fora educado para uma carreira eclesiástica e já detinha uma conezia na catedral de Colónia. Para além da sua devoção católica, a sua linhagem era muito atraente para a Ordem: o pai de Alberto – o príncipe alemão Frederico I, margrave de Brandeburgo-Ansbach – reinava sobre uma das melhores partes do Sacro Império Romano-Germânico; a sua mãe, a princesa Sofia da Polónia, era irmã do rei Segismundo. Alberto encarnava a grande esperança dos cavaleiros de recuperarem o antigo lustro, o antigo território e a soberania sobre a Prússia. Fiel a essa visão, Alberto assumiu o seu papel como uma vingança, arranjando aliados na Alemanha e em Moscovo enquanto se preparava para mais uma guerra com a Polónia.

Em meados de julho de 1516, em Elbing, uma vila perto de Frauenburg, os Cavaleiros Teutónicos roubaram um cidadão e deceparam-lhe as mãos. O capítulo de Varmia mandou um grupo armado perseguir os cavaleiros, além da fronteira, na parte que lhes pertencia da Prússia, onde os guardas capturaram um dos culpados, levando-o preso. Mas o grão-mestre Alberto exigiu o regresso do seu súbdito. Depois, retaliou com mais ataques na região de Varmia. A 22 de julho, Tiedemann Giese, que sucedera a Copérnico como chanceler, pôs por escrito as preocupações dos cónegos num apelo desesperado ao rei Segismundo, suplicando-lhe a proteção que este prometera.

O desconfortável impasse com os cavaleiros ainda se mantinha no mês de novembro seguinte, quando o capítulo de Varmia elegeu o cónego Copérnico para administrar os seus vastos latifúndios no Sul. Este

Alberto da Prússia, grão-mestre dos Cavaleiros da Ordem Teutónica.

cargo, que rodava entre os dezasseis cónegos, marcava uma separação de vários quilómetros entre o seu detentor e o resto do capítulo e atribuía-lhe novas responsabilidades.

O tempo e o hábito tinham dividido a diocese de Varmia e os seus noventa mil habitantes em nove distritos. O bispo detinha pessoalmente seis deles, incluindo Heilsberg, onde se erguia o seu palácio. Os outros três pertenciam comunalmente ao capítulo: Frauenburg, na costa norte, sede e local oficial da catedral; Melsack, seu vizinho contíguo; e Allenstein, no extremo meridional. Melsack e Allenstein, em conjunto, continham 607 quilómetros quadrados de férteis campos e pastagens que alimentavam os cónegos de Varmia e geravam os seus confortáveis rendimentos anuais. Manter a terra produtiva implicava mantê-la arrendada a camponeses que realizavam todo o trabalho agrícola pesado – um problema de pessoal que iria constituir a preocupação de Copérnico durante os três anos em que desempenhou o cargo de administrador.

Imediatamente após a eleição, trocou a cúria de Frauenburg pela sede meridional do capítulo. Vivera numa fortaleza perdida dos Cavaleiros Teutónicos quando estivera ao serviço do tio em Heilsberg e agora mudava-se para outra: o castelo de Allenstein, nos meandros do rio Lina. Assumiu as suas novas funções no dia de São Martinho, 11 de novembro de 1516, que, segundo o calendário eclesiástico, marcava o primeiro dia do novo ano eclesiástico de 1517.

O retrato de Copérnico que normalmente nos vem à mente – a figura solitária, enclausurada com os seus livros num recanto de estudo monástico, ou subindo a um parapeito para indagar o céu noturno – desaparece por completo em Allenstein. O tempo que aí passou mergulhou-o entre as pessoas, como parceiro compassivo de todas as suas preocupações mundanas.

Os camponeses que estavam a seu cargo viviam em choupanas, na pobreza, e no temor dos cavaleiros que atacavam as aldeias. Pagavam ao capítulo uma renda de um marco prussiano por ano, por courela de terra, pelo privilégio de ararem, semearem e colherem – embora a Igreja exigisse também a maior parte da sua colheita como rendimento. Em certo sentido, o camponês era proprietário da sua terra, porque podia vendê-la a outrem ou deixá-la em herança aos filhos. Mas, na verdade, o capítulo era senhor de tudo e mantinha-se a par de todas as trocas de courela registando a sua situação em livros-razão oficiais. Numa folha limpa de um desses livros, o novo administrador escreveu: «Arrendamentos de Quintas por mim, Nicolau Copérnico, A. D. 1517.»

O dever chamou-o em primeiro lugar a Jonikendorf, onde aprovou a tomada do controlo, por Merten Caseler, de três courelas de terra devoluta. O rendeiro anterior, Joachim, fora enforcado por roubo. Por causa dos seus crimes, ou do castigo, Joachim não semeara os seus campos e, por isso, Copérnico isentou Merten Caseler do pagamento de renda durante o ano inteiro. Anotou também os diversos bens que acompanhavam as três courelas: «Recebeu 1 vaca, 1 bezerra, um machado e uma foice e, quanto a cereais, uma saca de aveia e cevada para a semeadura omitida pelo seu antecessor.» Copérnico datou a sua descrição desta transação no «quarto dia da semana» – o que significava quarta-feira – «10 de dezembro de 1516». Depois disso, escreveu: «Ademais, prometi-lhe 2 cavalos.»

Copérnico viajava a cavalo entre as 120 aldeias da região, muitas vezes acompanhado pelo criado, Wojciech Szebulski, ou pelo moço de recados, Hieronim, que referiu no livro-razão como testemunhas frequentes. No entanto, só ele decidia cada caso e a sua palavra era dada em nome de todo o capítulo.

«Bartolt Faber de Schonewalt tomou posse de 1 ½ courelas, vendidas por Peter Preus, que é muito idoso. No que se refere a essas courelas, Bartolt pagará ao suserano ½ marco como renda pela meia courela. Mas, no que se refere à outra courela, o capítulo doou graciosamente 1 marco ao atrás referido Peter, vitaliciamente.» Por outras palavras, Copérnico permitia que Bartolt Faber roubasse o capítulo (o suserano) para pagar ao idoso Peter uma renda anual, nos seus últimos anos. «Após a sua morte, a totalidade da renda reverterá para o suserano. Feito no segundo dia da semana após o quarto domingo da Quaresma [23 de março], de 1517, na presença de Wojciech, o meu criado, e Hieronim, etc.»

De igual modo, quando Alde Urban, «que é idoso tanto de facto como de nome» – e que «não tinha filhos – se sentiu obrigado a ceder uma das suas courelas, Copérnico concedeu-lhe isenção de pagamentos sobre o resto das suas posses. Jan de Vindica, por outro lado, não recebeu tal isenção quando tomou posse de quatro courelas. Ao que parece, Copérnico achava que Jan recebera uma boa herança de um tio materno, Czepan Copetz, que trabalhara aquela terra até ao dia da sua morte e deixara, à data dela, «4 cavalos, 1 potro, 4 vacas, 6 porcos, 1 perna de porco, 1 saca de centeio, 1 saca de farinha, ½ saca de ervilhas, 4 sacas de cevada, 5 sacas de aveia, 1 caldeiro grande, 1 carroça, relhas de arado em ferro, 1 machado, 1 foice».

Em Voytsdorf, Copérnico encontrou outra família com um tio bondoso capaz de o fazer relembrar o velho bispo: «Gregor Knobel junta às suas 2 courelas mais 1 courela que pertenceu a Peter Glande, que morreu num incêndio. Gregor é o tutor dos filhos do seu irmão Peter, que são menores, e promete indemnizá-los quando forem adultos.»

O próprio irmão mais velho de Copérnico errava agora sozinho, algures em Itália, leproso, escorraçado por todos, enquanto os nervos da sua pele se desintegravam lentamente. A última comunicação de Andreas, através de terceiros no anterior mês de fevereiro, reconhecia que ele recebera o seu quinhão da herança do tio Lukasz. Mais do que provavelmente, esses fundos sustentá-lo-iam até à morte.

«Hans Clauke tem 2 courelas pelas quais estava ligado por pagamentos hereditários à igreja de Berting. Como é um homem incapacitado por muito tempo, vendeu essas courelas a Simon Stoke, com a minha autorização. Feito a 4 de maio.»

Se Copérnico pôs os seus conhecimentos de medicina ao serviço de quaisquer camponeses doentes ou idosos, não anotou esses tratamentos no livro-razão. A morte – por enforcamento, pelo fogo, por doença ou por velhice – provocava o grau de atrição habitual entre a população. A deserção também cobrava o seu tributo.

«Jacob Wayner, que, com a mulher, fugiu no ano passado, foi trazido agora de volta pelo intendente», escreveu Copérnico em 2 de agosto de 1517. A vida dura dos camponeses fazia que muitos deles fugissem para procurar uma vida melhor. Mais de um quarto dos casos que Copérnico registou fazia referência a terra que ficara vaga porque Simon – ou Martzyn ou Cosman – fugira. O intendente da aldeia costumava perseguir esses fugitivos, em representação do capítulo, e devolvê-los ao trabalho, não fosse a terra ficar inculta ou, pior, voltar ao estado de bosque, porque, nesse caso, teria de pagar-se a novos agricultores para a limparem e voltarem a cultivar.

Copérnico segura num lírio-do-vale, um símbolo, no início do Renascimento, do doutor em medicina (provavelmente devido à associação da flor ao deus Mercúrio, cujo caduceu, com as serpentes entrelaçadas, promovia a cura), neste retrato em xilogravura de Tobias Stimmer.

«Jacob tomou posse de uma courela», continua a contabilidade de Copérnico, «de onde a morte retirou Caspar Casche. O edifício está em ruínas e a courela tem pouco valor e, por esse motivo, foi abandonada pelos herdeiros e curadores de Caspar. Quando Jacob tomou posse, dei--lhe um cavalo, um quarto do painço plantado anteriormente e isenção do próximo pagamento anual.» Copérnico nomeou também Michael Wayner, irmão do fugitivo, seu «garante perpétuo» – para garantir que Jacob nunca mais voltaria a fugir.

«Gregor Noske tomou posse de 1 ½ courelas, de onde Matz Leze fugiu por ser suspeito de roubo.»

A terra mudava de mãos entre os camponeses em todos os meses do ano – desde «o antepenúltimo de janeiro» e «o sábado antes de Ramos» até ao «dia de Pedro e Paulo», «a festa de São Miguel», «o dia de Santa Cecília» e «o dia das 11 000 virgens».

Enquanto alternava entre designações sagradas e padrão para as datas, nos seus registos, Copérnico continuava a travar a sua luta solitária para definir a verdadeira duração do ano. As observações que lhe haviam sido pedidas para o Concílio de Latrão, sobre o problemático calendário juliano, haviam revelado, provavelmente, a lamentável ignorância pelos astrónomos da extensão exata do ano. Com ou sem reforma do calendário, Copérnico ainda precisava de determinar este parâmetro fundamental. A duração do ano definia a órbita da Terra em volta do Sol – ou, tal como acreditavam outros astrónomos, a órbita do Sol em volta da Terra – e relacionava-se com todos os cálculos da teoria heliocêntrica ou de qualquer outra teoria planetária.

«Petrus, um pastor de Thomasdorf, tomou posse de 2 courelas, que estavam vagas porque Hans fugiu.»

Copérnico criou uma nova escala graduada do ano numa varanda do seu apartamento privado, aberta na fachada sul do castelo de Allenstein. Colocando estuque branco sobre os tijolos avermelhados, pintou a grelha de um relógio de sol na superfície lisa. As linhas e os números devem ter sido azuis e vermelhos, embora apenas sobreviva um leve vestígio de cor no fragmento desbotado do relógio de sol que ainda se encontra na parede do castelo. Por debaixo, numa mesa ou no solo, instalou um espelho – ou talvez tenha utilizado uma taça de vinho tinto, para captar o reflexo do Sol e o projetar para o relógio, onde foi determinando a altitude solar em mudança ao longo das estações.

«Jacob de Jomendorf tomou posse de 2 courelas, que lhe foram vendidas, com a minha autorização, por Marcus Kycol, que é muito velho.»

O Sol atinge o seu ponto mais elevado no solstício do verão, que ocorre no dia mais longo do ano, e um ano pode ser avaliado pelo lapso de tempo entre um solstício do verão e o seguinte. Ou poderia medir-se a passagem do tempo entre o equinócio vernal de um ano – quando o Sol cruza o equador no início da primavera, dividindo o dia em metades iguais de escuridão e luz – e o equinócio vernal seguinte. O equinócio revelou-se mais fácil de captar para Copérnico do que o solstício, porque a posição do Sol muda de uma forma mais espetacular no período que antecede a igualdade entre o dia e a noite do que perto do dia mais longo do ano. Mesmo assim, a determinação do momento exato do equinócio constitui um desafio inclusive para o observador mais diligente. Em alguns anos, o momento não pode pura e simplesmente ser observado, se ocorrer durante a noite ou à hora do crepúsculo do dia em questão.

Copérnico contornou os obstáculos naturais fazendo uma série de observações da Lua durante um período de vários dias antes e depois do acontecimento previsto e, em seguida, por interpolação. O seu cálculo deu-lhe a duração do ano com uma precisão de minutos e segundos, numa época em que nenhum relógio era capaz disso. Repetiu o processo anualmente, agregando os dados para melhorar a sua precisão. Também decompôs em fatores alguns resultados de Ptolomeu, para aumentar ainda mais a sua base, e adotou a técnica deste de calcular as datas pelos reinados de antigos governantes. Assim, Copérnico recordou ter observado um equinócio outonal em Frauenburg, «no ano de Nosso Senhor de 1515, no 18.º dia antes das Calendas de outubro, mas segundo o calendário egípcio era o 1840.º ano após a morte de Alexandre no 6.º dia do mês de Phaophi, meia hora após o nascer do Sol». Apesar da sua fraseologia estranha, o calendário egípcio tinha interesse para os contemporâneos de Copérnico por causa da sua consistência: a lista de reis recuava até ao século VIII a. C., e cada ano consistia em doze meses iguais, com trinta dias cada um, mais cinco dias suplementares anexados no final – sem anos bissextos. Uma data do século XVI convertida para o estilo egípcio permitia uma computação fácil do tempo decorrido desde qualquer observação semelhante por Ptolomeu.

«Jacob tem duas courelas e vendeu-as, com a minha autorização, a Lorenz, o irmão do intendente.»

As moedas que os aldeões usavam nas suas transações eram uma misturada de moedas novas e antigas, tanto prussianas como polacas. Os Cavaleiros Teutónicos cunhavam marcos prussianos na região desde o século XIII, mas, no início da Guerra dos Treze Anos, em 1454, o rei Kazimiersz concedeu privilégios de cunhagem de moeda às cidades de Torun, Elbing e Danzig. Os burgueses cunharam então as suas próprias moedas prussianas a um ritmo acelerado, nas denominações familiares: marcos, *skoters*, *groats* e dinheiros. No entanto, na ausência de algo que se assemelhasse a padrões nacionais ou taxas de câmbio oficiais, o valor intrínseco de um marco – o volume de prata que continha – variava de casa da moeda para casa da moeda. Inclusive, a mesma casa da moeda podia alterar a proporção entre prata e cobre, nas suas espécies monetárias, a seu bel-prazer. Graças a uma diminuição duvidosa da proporção de prata em sucessivas cunhagens, um marco novo pesava menos do que um antigo, embora pretendesse ter o mesmo valor que este. Copérnico comprovava a diferença de peso comparando moedas nos pratos da balança. Sabia que alguns cidadãos sagazes estavam a aproveitar-se da discrepância gastando as moedas novas e guardando as velhas, que levavam ao ourives para serem derretidas devido ao valor mais elevado do seu conteúdo metálico. Outras violações, como recortar pedaços das orlas das moedas, também contribuíam para a adulteração da moeda. Por vezes, os dinheiros com

Martinho Lutero,
«o grande Reformador», tal como foi retratado
por Lucas Cranach, o Velho.

que os camponeses pagavam as rendas, apesar de terem a proporção correta da liga certa, haviam sido furados ou tido tanto uso que se haviam desgastado.

Consciente destes males, Copérnico passou parte do seu primeiro verão em Allenstein, escrevendo uma reflexão privada sobre os seus medos em relação ao estado da moeda. Terminou as *Meditata* – a sua reflexão, em latim, sobre o problema da moeda – a 15 de agosto de 1517 e depois difundiu-as entre alguns amigos escolhidos, mais ou menos do mesmo modo como fizera com o *Breve Esboço.*

Ao mesmo tempo que Copérnico fazia uma lista destas preocupações financeiras, o padre e professor de teologia Martinho Lutero, de Wittenberg, também fez uma lista. A lista de Lutero enumerava as suas muitas queixas relativamente à Igreja Católica, contestando a sua venda de indulgências como bilhetes para a salvação. «Quando o dinheiro tilinta na caixa», ouvira dizer Lutero a alguns clérigos mercenários, «a alma salta para o Céu». Tal como Copérnico, Lutero enviou as chamadas Noventa e Cinco Teses a um grupo reduzido e selecionado de conhecidos. Mas enquanto o conselho monetário de Copérnico provocou uma reação educada que mal o afastou dos seus deveres, a indignação de Lutero ateou um fogo que em breve encheu as praças públicas.

«Voytek, que tem 2 courelas no mesmo lugar, tomou posse de mais duas courelas, que estiveram abandonadas durante muito tempo em consequência da fuga, há muito, de Stenzel Rase. Voytek pagará a próxima renda anual.»

«Lurenz, tendo comprado a taberna de Branswalt, vendeu, com o meu consentimento, 4 courelas.»

Em novembro de 1518, Copérnico recebeu a notícia de que o doente Andreas sucumbira finalmente às últimas fases da lepra e deixara este mundo. Enquanto chorava a morte do irmão, o seu amigo Tiedemann Giese perdeu as duas irmãs devido a um surto de peste, na Polónia.

«Stenzel Zupky tomou posse de 2 courelas que Matz Slander lhe vendeu, com o meu consentimento, por 33 marcos.»

Algumas das autoridades civis locais que leram o ensaio de Copérnico sobre a moeda consideraram que valia a pena discuti-lo numa assembleia regional. Copérnico acedeu a traduzir o texto, para poder ser entendido pelos representantes de Danzig, para alemão (que continuava a ser a língua oficial nessa cidade, apesar da sua lealdade para com o rei polaco). Terminou a versão revista no final de 1519, quando acabou o seu mandato de administrador, e teve esperança de ver posta em prática a sua sugestão de uma padronização das moedas e melhoria das práticas de cunhagem. No entanto, poucas semanas após o seu regresso a Frauenburg, rebentou a guerra, que havia muito constituía uma ameaça, com a Ordem Teutónica. A 31 de dezembro, Alberto invadiu Braunsberg, a maior cidade de Varmia. Copérnico fez uma cavalgada de cerca de dez quilómetros, de Frauenburg, para tentar discutir com Alberto, mas ao fim de dois dias de conversações, 4 e 5 de janeiro, como emissário do bispo, a única coisa que obteve do grão-

-mestre foi uma promessa de salvo-conduto pela região se desejasse restabelecer negociações no futuro. Regressou a casa derrotado.

Duas semanas mais tarde, a 23 de janeiro de 1520, os cavaleiros de Alberto atacaram Frauenburg, que saquearam e incendiaram. Só o complexo murado da catedral, protegido por uma falange de soldados polacos, escapou à destruição. A cúria de Copérnico, fora das muralhas, foi reduzida a destroços e cinza. O seu *pavimentum* também ficou em ruínas.

CAPÍTULO 4

Sobre o Método de Cunhar Moeda

A cunhagem é a prensagem de ouro ou prata, pela qual os preços das coisas compradas e vendidas são calculados de acordo com as normas de qualquer Estado ou do seu governante. Logo, é uma medida de valor. No entanto, uma medida deve conservar sempre um padrão fixo e constante. De outro modo, a ordem pública é necessariamente perturbada, com os compradores e os vendedores a serem defraudados de muitas formas, tal como se o metro, o alqueire ou a libra não mantivessem uma grandeza invariável.

Do ensaio revisto de Copérnico sobre a moeda, 1522

Os cónegos fugiram da cidade incendiada de Frauenburg procurando refúgio temporário em Danzig, Elbing e Allenstein. Copérnico viu-se obrigado a regressar ao castelo altamente fortificado que deixara tão recentemente. O novo administrador, Jan Krapitz, recebeu-o de braços abertos, contente por ter um diplomata tão experiente a seu lado em tempo de guerra. Mas cada mês trazia mais notícias terríveis aos cónegos encurralados em Allenstein, enquanto os exércitos de Alberto percorriam Varmia. Copérnico, que reocupou o cargo de chanceler, redigiu cartas ao rei para pedir armas e homens para a defesa. Mandava primeiro essas solicitações para Heilsberg, onde o bispo Fabian as assinava e as enviava para Segismundo, em Cracóvia. Por vezes, o inimigo intercetava a correspondência desesperada e, noutras, o rei recebia-a mas não podia satisfazer os pedidos. Mesmo quando respondia com reforços, os novos recrutas não conseguiam desalojar os cavaleiros.

Confinado ao castelo, Copérnico prosseguiu as observações planetárias que tornavam clara a sua imagem do Universo. A 19 de fevereiro de 1520, data do seu quadragésimo sétimo aniversário, calculou que Júpiter, às 6 da manhã, se encontrava 4º 3' a oeste da «primeira e mais brilhante estrela da testa do Escorpião». Algures na primavera, Júpiter atingiria a sua posição anual, aparecendo exatamente oposto ao Sol, no céu da Terra. Ninguém conseguia ver os dois corpos ao mesmo tempo quando isso acontecia, mas um observador experiente poderia determinar o momento combinando previsões da teoria com observações ao longo de um período de meses. Assim, tendo iniciado a sua observação em fevereiro, Copérnico assinalou o momento de oposição às 11 da manhã de 30 de abril. Nesse momento, Júpiter estava em movimento inverso, ou «retrógrado», como se estivesse a afastar-se do ferrão do Escorpião – e a fazer também a sua maior aproximação da Terra. Enquanto outros astrónomos viam o momento em que ocorriam estes diversos eventos como uma coincidência, Copérnico ligava-os inextricavelmente entre si como consequências da ordem planetária: a Terra, que estava mais próxima do Sol, ultrapassava Júpiter, mais lento, uma vez por ano. Ao passar, deixava o Sol de um lado e Júpiter do outro, aproximando-se o máximo que podia de Júpiter. Quanto a este, nunca mudava a direção dos seus movimentos nessas alturas, mas os observadores que se encontravam na Terra, ao passarem por ele a uma velocidade maior, tinham a impressão de que o fazia. A mesma lógica regia a oposição anual de Saturno, que Copérnico marcou alguns meses depois, ao meio-dia de 13 de julho.

Os movimentos de Júpiter e Saturno naquela conjuntura provocaram o alarme entre os astrólogos. Os dois planetas dirigiam-se para a sua «Grande Conjunção» – a estreita união celeste que consumavam a cada duas décadas, sempre com efeitos graves. O almanaque popular de Johann Stoeffler e Jacob Pflaum previa, na próxima Grande Conjunção de 1524, «mudanças e transformações para todo o mundo, para todas as regiões, reinos, províncias, Estados, classes sociais, feras, animais marinhos e tudo o que nasceu na Terra – mudanças como aquelas de que já ouvimos falar em séculos antes do nosso tempo, quer aos historiadores, quer aos nossos avoengos. Erguei as cabeças em conformidade, cristãos».

A 19 de outubro de 1520, um destacamento de cavaleiros cercou o palácio do bispo Fabian, em Heilsberg, e manteve o cerco durante semanas. Sob essas circunstâncias, o capítulo demitiu Jan Krapitz do cargo, nas eleições de novembro, embora apenas o tivesse desempenhado durante um ano, e recrutou Copérnico para o substituir. No dia em que começou o seu segundo mandato de administrador, 11 de novembro, os turbulentos cavaleiros estavam a um dia de viagem de Allenstein, onde apenas cem soldados do rei guardavam os portões.

Copérnico passou alguns dos seus momentos de maior ansiedade a catalogar os arquivos do capítulo, que haviam sido transferidos para Allenstein, ao longo dos anos, para ficarem em maior segurança no tesouro do castelo. Toda a história guerreira da diocese estava contida nesses documentos, que recuavam até à bula do papa Inocêncio IV, em 1243, que definia as fronteiras da Prússia, e o pergaminho de 1264 no qual Anselmo, o primeiro bispo de Varmia, imaginava a construção de uma grande catedral em Frauenburg. As várias centenas de artigos – bulas, tratados, concessões, escrituras, testemunhos, petições – enchiam um cofre com muitas gavetas. Ao mesmo tempo que examinava e reordenava os documentos jurídicos com os seus elaborados selos oficiais,

Copérnico escrevia novas cartas com apelos, pedindo ao rei Segismundo que reforçasse as forças que protegiam o arquivo de Allenstein:

«Mui Clemente Príncipe e Senhor, Segismundo, pela Graça de Deus Rei da Polónia, Grão-Duque da Lituânia, Soberano e Senhor Hereditário da Rutténia e da Prússia, e nosso Clementíssimo Senhor», assim se dirigiu Copérnico a Sua Majestade, a 16 de novembro. Descreveu os pormenores horríveis da invasão, no dia anterior, da cidade próxima de Gutstadt, agora nas mãos dos cavaleiros, e expressava a sua disposição de morrer – como parecia provável que faria – na defesa de Allenstein.

«Porque estamos desejosos de fazer o que mais se coaduna com pessoas nobres e honestas, que são totalmente devotadas a Vossa Majestade, mesmo que tivéssemos de perecer. Todos os nossos bens e nós próprios encomendamos e entregamos aos cuidados de Vossa Majestade.» Entretanto, continuou a elaborar, metodicamente, uma lista desses bens: «Documento relacionado com a transferência da cabeça de São Jorge de Heilsberg para a catedral de Frauenburg», «Documento do rei de França relacionado com uma dádiva de madeira da Santa Cruz».

A infantaria de Segismundo avançou no final de novembro. Todavia, os cónegos de Varmia sentiram-se pouco confortados com a presença dos soldados e abandonaram o castelo, aterrorizados. Só Copérnico e o cónego Henryk Snellenberg não arredaram pé de Allenstein. Estavam lá quando chegou a cavalaria do rei, em dezembro, e mesmo então os dois cónegos não abrandaram a vigilância. Tiveram o seu teste principal em janeiro de 1521, quando Alberto e um enorme exército sob o seu comando exigiram a rendição do castelo. Mas depois, numa reviravolta súbita, Alberto limitou-se a saquear as aldeias próximas e retirou-se em direção a casa, para Königsberg, depois de ter acordado um cessar-fogo provisório. Mesmo assim, Copérnico não parou de reforçar as defesas do castelo. Adquiriu, em Elbing, um grande número de arcabuzes e chumbo para balas, e

Neste quadro de Stanisław Samostrzelnik, de 1520, o rei Segismundo está ajoelhado ao lado do bispo de Cracóvia para ser abençoado por Santo Estanislau, o padroeiro da Polónia.

comida e sal. Preparado, agora, para qualquer tipo de agravamento, recebeu a notícia do tratado de 5 de abril, assinado em Torun, que decretava uma trégua de quatro anos.

A paz pôs Copérnico a trabalhar de novo, durante um breve período, nas questões mais mundanas da administração. Em maio de 1521, supervisionou a redistribuição de courelas que haviam ficado vagas «pela morte de Michel, o zarolho», «pela decapitação de Peter, em Hoensteyn, por maquinar traição» e por uma grande variedade de outros motivos. Tanto os camponeses como a terra tinham sofrido perdas de guerra.

Em junho, o capítulo chamou Copérnico de volta a Frauenburg, para restabelecer a ordem normal a norte, enquanto o seu competente amigo, Tiedemann Giese, lhe sucedia em Allenstein. O novo mandato de Giese como administrador – era o terceiro – revelou-se o mais difícil da sua carreira. Apesar do tratado de paz, os cavaleiros continuavam a fazer devastações em Varmia e, no entanto, por causa do tratado de paz, o capítulo não podia ripostar. Giese escreveu petições pedindo o ressarcimento dos danos. Fez apelos apaixonados às relações pacíficas em cimeiras entre o Parlamento da Prússia e a Ordem Teutónica. Nada, parecia, iria desalojar os cavaleiros da cidade e imediações de Braunsberg, que tinham ocupado desde o início da guerra recente. Mas Giese manteve as negociações. Tanto o rei como o bispo prometeram apoiá-lo na cimeira planeada para Graudenz, em março de 1522. Segismundo enviaria os seus emissários, e Fabian compareceria pessoalmente. No entanto, quando chegou o momento, o bispo estava demasiado doente para deixar o leito e, por isso, enviou o seu médico, Doutor Nicolau, em seu lugar.

Copérnico juntou-se a Giese em Graudenz, apenas com um ligeiro atraso devido à submersão das pontes sobre o rio Bauda que quase o impediram de sair de Frauenburg. A 18 de março, compareceu com Giese perante os representantes reunidos e confirmou a enumeração que este fez dos abusos dos cavaleiros. Três dias depois, entregou o tratado sobre cunhagem que concebera antes da guerra, zurzindo as práticas de cunhagem que haviam posto a moeda em queda livre.

«O pior erro», acusava, «que é perfeitamente intolerável», é o governo cunhar novas moedas – de valor intrínseco menor, embora pretendendo ter o mesmo valor – enquanto se permite que as moedas antigas se mantenham em circulação. «A cunhagem posterior, sempre inferior em valor à cunhagem anterior [...] baixava continuamente o valor de mercado da cunhagem anterior, e expulsava-a».*

Copérnico comparava a infusão de uma cunhagem inferior à semeadura, por um agricultor avaro, com más sementes. O governo, tal como o agricultor, colheria exatamente o que semeou, dizia, porque as suas práticas causavam danos à moeda tal como as pragas estragavam o cereal.

«Esses graves males atingiram, então, a moeda prussiana e, por causa dela, todo o país», continuou. «As suas calamidades e o seu declínio apenas beneficiam os ourives, que tomam nas suas próprias mãos o valor da moeda.»

Para remediar a situação – «antes de um desastre maior!» – Copérnico recomendava uma consolidação das casas da moeda, de modo que «fosse designado apenas um local para a cunhagem de moeda, não para uma única cidade ou sob a sua insígnia, mas para todo o país». Não cunhar nova moeda, entretanto, aconselhava ainda, e, acima de tudo, estabelecer limites estritos para o número de marcos a serem cunhados com uma única libra de prata fina. Então, mal a nova moeda seja introduzida, proibir o uso da antiga, de modo a forçar a substituição das moedas antiquadas pelas novas – com prejuízo, sim, mas apenas moderado. «Porque este prejuízo terá de ser suportado uma vez, de modo a poder ser seguido por muitos benefícios e uma vantagem duradoura, e uma única reforma monetária em 25 ou mais anos se revelar suficiente.»

A sua sugestão parecia ainda mais relevante agora que Segismundo desejava unificar as diversas moedas do seu reino. Para que as moedas da Coroa polaca e os sistemas monetários prussianos se harmonizassem, teria de ser instituída uma taxa de câmbio firme entre eles. Copérnico

* A perceção de Copérnico de que a má moeda retira de circulação a boa moeda é conhecida pelo nome de Lei de Gresham, em honra de Sir Thomas Gresham (cerca de 1519-1579), consultor financeiro da corte inglesa que fez a mesma observação sensata. O conceito também foi avançado pelo filósofo medieval Nicole Oresme e referido pelo comediógrafo grego Aristófanes, na sua comédia *As Rãs*.

redigiu imediatamente uma adenda ao seu tratado, enquanto ainda se encontrava na reunião de março de 1522, delineando um plano específico para equiparar as moedas. Mas a reunião terminou sem alterar o *status quo*, tanto das moedas do reino como dos cavaleiros que se refastelavam em Varmia.

O grão-mestre Alberto fechara os olhos à cunhagem de moedas prussianas inferiores a partir do momento em que assumira a chefia da Ordem Teutónica, em 1511. No entanto, os elevados custos da guerra tinham-no colocado à beira da bancarrota. Alberto dirigiu-se à Alemanha, em 1522, para tomar parte na Dieta de Nuremberga, onde esperava arranjar novos aliados – e um motivo suficiente para quebrar a paz com a Polónia. Na Dieta, Alberto conheceu um dos discípulos de Martinho Lutero, um antigo padre católico chamado Andreas Osiander. Como converso declarado da nova crença evangélica luterana, Osiander decidiu convencer Alberto a converter-se também. Então, Alberto dirigiu-se a Wittenberg para consultar Lutero. O agora famoso herege, excomungado por Leão X em 1521, também instou Alberto a pôr termo à sua fidelidade para com a Igreja Católica – e também à sua fidelidade para com a Ordem dos Cavaleiros Teutónicos. Lutero achava preferível que Alberto se apropriasse, como seu, do lado da Prússia que pertencia aos cavaleiros, encontrasse uma mulher para o governar com ele e fundasse uma dinastia familiar que herdasse os seus privilégios. No momento em que Alberto começou a explorar estas vias conspirativas, o seu inimigo de dez anos, Fabian Luzjanski, o bispo de Varmia, morreu de sífilis a 30 de janeiro de 1523.

Copérnico, que evitara o caminho fácil para o episcopado que o seu tio pavimentara outrora para ele, encontrava-se agora a presidir no palácio de Heilsberg. O capítulo escolheu-o para tomar conta de todas as terras da diocese, nomeadamente as que dependiam da sé do bispo, até à consagração do sucessor de Fabian. Considerando o rancor que rodeara o processo de escolha após o falecimento do bispo Watzenrode, o rei

Moedas do reinado de Segismundo I.

Segismundo mandou os seus enviados a Heilsberg, em fevereiro, para frustrar quaisquer tentativas prévias de eleição por parte do capítulo. Copérnico recebeu esses homens com garantias de que os cónegos não só honrariam o direito de nomeação e aprovação do rei, mas jurariam de novo a sua lealdade a ele sob o novo bispo, independentemente de quem viesse a ser.

A 13 de abril, o capítulo escolheu o favorito do rei, Maurycy Ferber. O bispo eleito Ferber, parente distante de Tiedemann Giese, pertencia a uma família politicamente poderosa de Danzig, onde um dos seus parentes desempenhava nesse momento as funções de presidente da Câmara Municipal da cidade. Enquanto aguardavam a aprovação papal de Ferber, Copérnico agiu como bispo *de facto*, durante a primavera e o verão de 1523. Esforçou-se por restaurar a ordem pública libertando a região de cavaleiros recalcitrantes e da retaguarda dos soldados polacos. As próprias forças que tinham vindo defender Varmia ocupavam agora ilegalmente diversas aldeias e fortalezas. Recusavam-se a sair enquanto o rei não interviesse. Na sequência das ordens de Segismundo, a 10 de julho, todos os comandantes polacos de soldados que se encontravam a ocupar ilegalmente as terras da diocese suspenderam as suas reivindicações e levantaram arraiais. No entanto, os cavaleiros ficaram.

Em agosto, a Lua ficou vermelha – não uma metáfora de sangue ou guerra, mas real e naturalmente, em consequência de um eclipse lunar total. Copérnico anotou o primeiro mergulho da Lua cheia no cone da sombra da Terra às «duas horas e 4/5 após a meia-noite», ou seja, às duas horas e quarenta e oito minutos da manhã de 26 de agosto.

Atravessando a sombra da Terra, a Lua foi-se esbatendo gradualmente até mergulhar completamente. Depois, em vez de desaparecer na escuridão, a Lua eclipsada vestiu-se com a cor do Sol: brilhou como uma brasa ao longo da hora de eclipse total, refletindo todo o crepúsculo e a luz da alvorada que se derramavam para a sombra da Terra do dia anterior e do dia seguinte.

Copérnico nunca perdia um eclipse lunar. Nenhum astrónomo deixava escapar tal oportunidade, uma vez que a Lua em eclipse apontava com precisão as posições celestiais como nenhum outro fenómeno. Em momentos como esse, a sombra da Terra tornava-se visível na superfície da Lua e o centro dessa sombra indicava a posição do Sol – numa oposição de 180º de longitude celeste. Com as coordenadas atuais da Lua confirmadas desse modo, podiam medir-se também as distâncias das estrelas e dos planetas tanto em relação ao Sol como à Lua. «Nesta área», observou Copérnico, «a generosidade da Natureza prestou atenção aos desejos humanos, na medida em que a posição da Lua é determinada com maior rigor através dos seus eclipses do que através do uso de instrumentos, e sem qualquer suspeita de erro».

Mesmo com a ajuda da «generosidade da natureza», a inclinação da órbita da Lua em relação ao grande círculo a Terra limitava a frequência dos eclipses lunares a uma ou, no máximo, duas vezes por ano, embora alguns anos não tenham nenhum. Após 26 de agosto, não haveria outro eclipse lunar total até ao final de dezembro de 1525.

No momento do meio eclipse, que Copérnico registou, nessa ocasião, como as 4 e 25 da manhã, a Lua estava em oposição, mas manteve a rota em frente. Ao contrário de Júpiter ou Saturno, a Lua nunca passava para o retrocesso na oposição – nem nunca, em qualquer outra altura – porque a Lua era o único de todos os corpos celestes que girava verdadeiramente em órbita em redor da Terra.

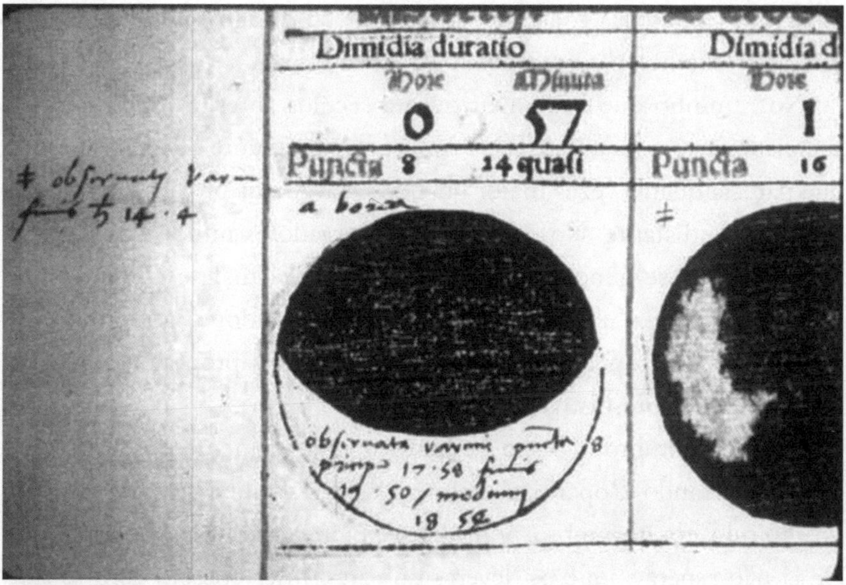

O Calendarium Romanum Magnum, *de Johann Stoeffler, publicado em 1518, previa os eclipses para os anos entre 1518 e 1573. Copérnico anotou o seu exemplar com as suas observações pessoais entre 1530 e 1541. O alinhamento especial da Terra, da Lua e do Sol em eclipse, chamado sizígia, proporcionava uma verificação natural das posições celestes. Copérnico testemunhou eclipses lunares parciais e totais, mas apenas solares parciais. Caso tivesse podido deslocar-se a Espanha ou ao extremo sul de Itália, para o acontecimento de 18 de Abril de 1539, poderia ter visto o Sol totalmente eclipsado.*

«Ao interpretar o movimento da Lua», escreveu Copérnico, sem ironia aparente, «não discordo da crença dos antigos de que ele ocorre em redor da Terra».

Ptolomeu registara no *Almagesto* como inferira o movimento da Lua seguindo-o através de três eclipses de duração e geometria semelhantes. Copérnico estava a seguir o exemplo observando os seus próprios três eclipses: um ao longo das horas do meio da noite de 6 para 7 de outubro de 1511; um segundo mais recentemente, entre 5 e 6 de setembro de

1522; e o terceiro da tríade nessa noite de 26 de agosto de 1523. Com esses dados, tencionava reordenar a rota da Lua.

No caminho que Ptolomeu traçara séculos antes, a Lua alterava a sua distância em relação à Terra tão espetacularmente ao longo do mês, que parecia quatro vezes maior quando estava mais próxima do que no ponto mais distante. No entanto, os observadores nunca viram a Lua fazer nada desse género. O seu diâmetro fiável mal se alterava e, no entanto, Ptolomeu e a maior parte dos seus seguidores ignoravam esse facto evidente. Copérnico resolveu a discrepância propondo um curso alternativo que preservava o aspeto da Lua.

A 13 de outubro, o bispo Ferber ocupou finalmente o seu legítimo cargo, libertando Copérnico, que regressou a Frauenburg. As eleições do capítulo, em novembro, nomearam-no chanceler uma vez mais, mas ele já não esperava que os deveres do cargo interferissem com as suas pesquisas astronómicas ou com a escrita do seu livro. Aos cinquenta anos, não podia saber quanto mais tempo lhe restava para as suas investigações, antes da perda inevitável de vigor, ou da visão ou da clareza de espírito.

CAPÍTULO 5

A Carta contra Werner

A crítica tem pouca utilidade e escasso proveito,
uma vez que é marca de uma mente despudorada preferir
o papel de crítico censório ao do poeta criativo.

DA *CARTA CONTRA WERNER*, DE COPÉRNICO, 3 DE JUNHO DE 1522

A Grande Conjunção de 1524 juntou Júpiter e Saturno no signo de Peixes. Os astrólogos, que classificavam Peixes como um signo da água, previram que a temível catástrofe quando da conjunção assumiria a forma de um afogamento em massa, com efeito, uma inundação que rivalizaria com o dilúvio de Noé. Todas as uniões de Júpiter e Saturno faziam soprar maus ventos, mas o potencial maléfico desta retirava uma força acrescida do número de outros corpos celestes que se juntavam aos dois principais. A 19 de fevereiro, dia do aniversário de Copérnico, os planetas Júpiter, Saturno, Marte, Vénus e Mercúrio agrupar-se-iam todos com o Sol numa grande conjunção sêxtupla, a que se seguiria uma lua cheia, nessa noite. Uma prova suplementar do apocalipse decorria da posição de Peixes como décimo segundo e último signo do zodíaco. Dado que os astrólogos criam que o mundo começara sob uma conjunção multiplanetária em Carneiro, o primeiro signo, acabaria certamente sob uma ocorrência repetida em Peixes, o último. O crescimento tanto da imprensa como da alfabetização ajudou a difundir de tal forma estes prognósticos sombrios, que as pessoas que viviam nas zonas costeiras fugiram para as montanhas. Alguns procuraram, nas suas Bíblias, instruções para a construção de uma arca.

Fevereiro passou e não houve cheias. Os não crentes troçaram dos astrólogos, que continuaram a afirmar que ondas – se não de água, então de discórdia religiosa ou agitação política – ainda iriam varrer a Europa. A Grande Conjunção de 1345 não precisara de dois anos para desencadear a Peste Negra?

Copérnico, que não fazia nem prestava atenção a previsões astrológicas, escolheu esse momento para cobrar uma dívida atrasada. O cónego Henryk Snellenberg, que fora o seu único camarada de armas durante a defesa final do castelo de Allenstein, foi a Danzig e, como favor, cobrou uma quantia que era devida a Copérnico por um primo seu que pertencia à vereação. Mas quando Snellenberg regressou a Varmia, entregou a Copérnico apenas noventa dos cem marcos que o primo do astrónomo pagara. Snellenberg adiou repetidamente o reembolso dos restantes dez marcos, apresentando desculpa atrás de desculpa durante um período de meses. Quando Copérnico o enfrentou finalmente, Snellenberg exigiu uma prova escrita da dívida e, em seguida, desafiou o seu credor a processá-lo para receber a quantia ainda em dívida. Suficientemente ofendido, Copérnico queixou-se ao bispo Ferber.

«Logo, penso que não posso agir de outro modo», escreveu ao seu superior, a 29 de fevereiro, «e que a minha recompensa pelo afeto é ser odiado, e ser alvo de troça pela minha complacência. Sou obrigado a seguir o seu conselho, o conselho pelo qual planeia frustrar-me ou enganar-me, se puder. Recorro a vós, Excelência Reverendíssima, a quem peço e suplico se digne ordenar, em meu favor, a retirada do rendimento do seu benefício até me reembolsar, ou uma qualquer provisão de qualquer outro modo que me permita obter o que é meu».

GRANDE CONJUNÇÃO DE 1524

A presença combinada de Júpiter e Saturno – juntamente com vários outros corpos celestiais – no décimo segundo signo do zodíaco, Pisces (Peixes), provocou o terror no coração dos astrólogos, que previram as águas do dilúvio que vemos a tombar do exagerado peixe celeste nesta imagem da Previsão *para 1524 de Leonhard Reynmann.*

Em comparação com o tom mal-humorado mas com bases claras da sua queixa contra Snellenberg, o conteúdo de outra carta que Copérnico escreveu nesse mesmo ano, a 3 de junho de 1524, continha um convite à análise com tanto interesse para a comunidade matemática que diversas cópias dela circularam entre os seus pares. Embora seja concisa e informal, a *Carta contra Werner* ergue-se ao lado do *Breve Esboço* e de *Das Revoluções* como o terceiro pilar da obra de Copérnico na astronomia. Dirigiu-a «Ao Reverendo Bernard Wapowski, Chantre e Cónego da Igreja de Cracóvia, e Secretário de Sua Majestade o Rei da Polónia, de Nicolau Copérnico».

Wapowski e Copérnico tinham frequentado juntos o Collegium Maius, em Cracóvia, como alunos, na década de 1490. Possivelmente, desenvolveram nessa altura o interesse partilhado pela teoria planetária, inclusive talvez na companhia um do outro. Wapowski, que também foi estudar direito para Bolonha, desempenhara funções mais tarde, durante alguns anos, na embaixada polaca em Roma, e agora correspondia-se com um grupo seleto de intelectuais internacionais. Na primeira frase da *Carta*, Copérnico aludiu ao caráter estreito da sua amizade de longa data.

«Há algum tempo, meu caro Bernard, enviaste-me um pequeno tratado sobre *O Movimento da Oitava Esfera* escrito por Johannes Werner de Nuremberga.» Wapowski procurara a opinião de Copérnico sobre esta tese altamente louvada, que fora publicada em 1522 juntamente com outros ensaios recentes do mesmo autor. No entanto, Copérnico hesitou antes de aceder porque achava errada a tese de Werner e não tinha de todo a certeza de que devesse dizê-lo. Agora, pedia perdão ao velho amigo pela longa espera.

«Caso me tivesse sido possível louvá-lo com algum grau de sinceridade, teria respondido com um grau correspondente de prazer.» Infelizmente, o maior elogio que podia fazer – «posso louvar o zelo e o esforço do autor» – havia levado «algum tempo» a concretizar. Inicialmente, reconheceu, temera despertar a ira ao expressar a censura por escrito. Talvez fosse melhor não dizer nada contra Werner do que correr o risco de uma repercussão negativa que pudesse destruir qualquer hipótese de uma receção favorável ao seu próprio trabalho.

«No entanto, sei que uma coisa é saltar sobre um homem e atacá-lo, mas outra corrigi-lo e orientá-lo quando se extravia, tal como uma coisa é louvar e outra lisonjear e ser bajulador.» Então, no melhor espírito de corrigir o mau passo de um colega astrónomo, iria dar a conhecer os seus pensamentos. Não sabia que Werner, um clérigo de Nuremberga, morrera de peste em 1522, quando os seus ensaios ainda se encontravam no prelo. «Talvez a minha crítica possa ter ainda um contributo não despiciendo para a formação de uma melhor compreensão deste assunto.»

A «oitava esfera» do título de Werner fazia girar as estrelas. Estavam todas engastadas nela, como joias numa coroa. Esta colocação era responsável pelo modo como as estrelas mantinham as suas posições fixas entre si, cada uma no nicho da sua constelação, mesmo enquanto o céu rodava em volta da Terra, todos os dias. No entanto, embora rodasse rapidamente para oeste, a oitava esfera revelava também um desvio lento e subtil na direção oposta, que os astrónomos havia muito tentavam explicar. No cosmos de Copérnico, em contrapartida, a oitava esfera permanecia estacionária. Só *parecia* mover-se por causa da rotação da Terra. Mas em vez de sublinhar esta diferença fundamental na sua crítica, Copérnico centrou-se nos erros técnicos de Werner.

«Em primeiro lugar, enganou-se no seu cálculo do tempo.» Werner atamancara uma conversão de datas do calendário egípcio para a cronologia juliana, de modo que colocara determinadas observações de Ptolomeu no ano 150 d. C., quando, na verdade, demonstrou Copérnico, Ptolomeu realizara essas observações onze anos antes, em 139. Depois, Werner escondeu o seu erro inicial acusando Ptolomeu e outros astrólogos antigos de desleixo em termos de técnica de observação. Aí, Copérnico perdeu as estribeiras:

«Temos de seguir as pisadas dos antigos matemáticos e continuar a acreditar firmemente nas suas observações que nos foram legadas como uma herança. E se alguém, pelo contrário, pensa que os antigos são indignos de confiança no que a isto se refere, com certeza que os portões desta arte lhe estão fechados. Deitado diante da entrada, sonhará os sonhos dos perturbados sobre o movimento da oitava esfera e receberá o devido castigo por supor que deve justificar as suas alucinações pessoais difamando os antigos, que observaram todos esses fenómenos com grande cuidado e habilidade de peritos.» Na verdade, as observações de Ptolomeu não eram tão inatacáveis como Copérnico tão apaixonadamente insistia, mas eram tudo o que tinha para lhe servir de base de comparação e, por isso, defendia-as.

Outro dos seus reverenciados gregos antigos, Hiparco de Rodes, fora pioneiro da exploração da oitava esfera. Mais de duzentos anos antes de Ptolomeu, cerca de 130 a. C., Hiparco determinara as posições e o brilho comparativo de quase mil estrelas. Pretendia que esse trabalho servisse de base a estudos futuros, mas começou por o testar comparando-o com o punhado de observações que lhe chegara de astrónomos de séculos anteriores. Tal como suspeitava, as constelações não apresentavam qualquer mudança de formato ao longo do percurso da memória humana. Todavia, tinham alterado sistematicamente as suas posições globais. Por exemplo, Hiparco observou a estrela brilhante Espiga, na constelação Virgem, a 6º oeste da posição do Sol no equinócio outonal, enquanto o seu predecessor, Timocaris, na primeira noite do outono no século IV a. C., vira Espiga a 8º oeste. Todas as estrelas que Hiparco testou haviam-se deslocado, durante esse tempo, os mesmos dois graus – uma distância correspondente a quatro vezes a largura aparente da Lua.

Para explicar este desvio para leste da oitava esfera, os sucessores de Hiparco introduziram uma nona: a nona esfera, invisível e exterior, impelia a oitava a girar. Mas a oitava, cravejada de estrelas, que por pouco não conseguia acompanhar o ritmo da nona, ficava para trás. A diferença minúscula entre as duas passava despercebida noite após noite, mas tinha um efeito cumulativo ao longo das décadas, atingindo cerca de um grau por século. Seriam precisos muitos anos – na verdade, muitos milénios – para o círculo se fechar. A extrema lentidão e a taxa variável do movimento, que acabou por ser chamado a precessão dos equinócios, garantiam o emprego aos astrónomos durante muito tempo. Na época de Werner e de Copérnico, as explicações da precessão tinham introduzido a décima e a décima primeira esferas para sintonizar a orientação das estrelas fixas.

Em termos modernos, a precessão resulta da rotação diária da Terra, que produz um abaulamento do planeta, a nível do equador. O Sol atrai preferencialmente a parte abaulada, fazendo que o eixo da Terra gire lentamente ao longo do tempo. São necessários vinte e seis mil anos para o eixo traçar o seu círculo preguiçoso no céu, ao ritmo de um grau a cada setenta e dois anos. O polo norte do eixo da Terra aponta atualmente para uma estrela da Ursa Menor chamada Polaris, ou Estrela Polar. A precessão trouxe-nos a este ponto e garante também que, no próximo milénio, uma estrela diferente – Alrai, da constelação de Cefeu, o Rei – assumirá o título de estrela polar.

Continuando a sua *Carta*, Copérnico corrigiu «um segundo erro não menos importante do que o primeiro» e esclareceu um terceiro «disparate infantil» antes de ignorar Werner.

«Qual é, afinal, a minha opinião acerca do movimento da esfera das estrelas fixas?», perguntou, retoricamente. «Uma vez que tenciono apresentar os meus pontos de vista alhures, pensei que seria desnecessário e desadequado alongar mais esta comunicação.» Desejou saúde e boa sorte ao seu amigo Bernard e assinou.

Na esfera dos assuntos sagrados, o novo bispo de Roma, o papa Clemente VII, assistiu com horror ao alastrar da heresia de Martinho Lutero das fronteiras alemãs para os países limítrofes. Na Polónia, o bispo Ferber pôde confirmar que a Prússia fervilhava de luteranos – não novos imigrantes mas residentes católicos, recém-convertidos. Na diocese de Samland, imediatamente a leste de Varmia no território dos cavaleiros, o bispo Georg von Polenz repudiara os seus votos sagrados, apoiara publicamente os ensinamentos de Lutero e denunciara violentamente a Igreja Católica. No domingo de Páscoa de 1524, celebrou uma missa luterana, na sua catedral. Seguindo o seu exemplo, o bispo da Pomerânia, o vizinho ocidental de Varmia, também trocou o catolicismo pelo novo evangelismo.

Apesar da denúncia irada, feita pelo bispo Ferber, da «onda herética», alguns cónegos de Varmia viam de um modo diferente os acontecimentos da Reforma. Tiedemann Giese respondeu aos atos do bispo von Polenz com um apelo à moderação. Giese defendia que os cristãos de todos os tipos deviam trabalhar em conjunto para glorificar Cristo e não denunciarem-se uns aos outros. «Embora nos refiramos constantemente ao espírito de Deus», afirmou, sobre a disputa inter-religiosa, «estamos a afastar-nos totalmente do amor».

Copérnico leu a carta de Giese e concordou tão energicamente com os seus sentimentos que o convenceu a publicar o conteúdo sob a forma de panfleto. O *Antilogikon*, impresso em Cracóvia em fevereiro de 1525, defendia, concomitantemente, a tolerância para com os luteranos e a defesa da tradição católica. «É inegável que muitas coisas, na Igreja, estão perto da superstição e que se introduziram abusos», reconhecia Giese. «Mas deveremos aguardar o tempo da colheita, para não destruirmos o trigo ao erradicarmos o joio.» Desejoso de que o seu pedido caísse em solo fértil, enviou o livrinho para Wittenberg, ao cuidado do erudito e reformador Filipe Melanchton, o mais próximo aliado de Lutero.

A difusão do luteranismo seria o dilúvio pressagiado pela Grande Conjunção de 1524? Os astrólogos que assim pensavam analisaram a data e o local de nascimento de Lutero para o provarem, mas nem este podia afirmar com certeza em que ano nascera, se em 1483 ou 1484. Um astrólogo configurou a carta astral de Lutero a 22 de outubro de 1484 durante uma Grande Conjunção no signo de Escorpião, numa hora que conjugava os planetas na nona casa, que era considerada a mansão da religião. Isso conjugava-se bem, até que o irmão e a mãe de Lutero confirmaram uma data anterior, 10 de novembro de 1483.

Em breve surgiu outra candidata à concretização da profecia de destruição sob a forma da Revolta dos Camponeses, que derramou o sangue de milhares de pessoas, por toda a Alemanha, entre 1524 e 1525. Milícias de camponeses irados atacaram nobres e cavaleiros armados, exigindo coisas como o direito a pescar nos cursos de água favoritos ou caçar em florestas que eram consideradas propriedade privada das classes superiores. Embora a sua luta não tivesse que ver com a religião, aqueles camponeses, que tinham ouvido falar de Martinho Lutero, esperavam que este apoiasse a sua causa. Ele desiludiu-os ao não intervir: nenhuma guerra de carne e sangue poderia desviá-lo da sua campanha contra a iniquidade espiritual. Em breve se virou contra eles, afirmando que um camponês em rebelião aberta estava fora da lei de Deus.

Em Varmia, a paz pôs finalmente termo aos anos de lutas entre prelados e cavaleiros, na primavera de 1525, quando Alberto se ajoelhou perante o rei Segismundo, prestando-lhe homenagem, em Cracóvia. A 10 de abril, Alberto cedeu o seu território ao reino, e Segismundo devolveu-lho sob uma nova forma, como o ducado da Prússia, o feudo hereditário do próprio Alberto. Como primeiro duque da Prússia, renunciou ao título de grão-mestre e, após o seu regresso a Königsberg, em maio, dissolveu a Ordem dos Cavaleiros Teutónicos. Não só se converteu, conforme prometera a Lutero que faria, como tornou a Prússia Ducal um Estado plenamente protestante – uma nova entidade no mapa da Europa.

O acordo entre Segismundo e Alberto estipulava que o novo ducado não emitiria novas moedas durante pelo menos um ano, após o que o rei convocaria uma reunião oficial para coordenar a moeda ducal com a real. Copérnico atualizou diligentemente, e pela última vez, o seu tratado sobre a cunhagem, em latim, para se adaptar à criação da Prússia Ducal. Acrescentou tantas referências aos abusos de cunhagem de grão-mestres do passado e tantas receitas para os remediar, que a extensão do ensaio duplicou. «Que tipo de moeda se tornará depois, e qual a sua situação atual», lamentava Copérnico, «é vergonhoso e doloroso dizer».

Embora Alberto, como católico, tivesse sido o flagelo de Varmia, o duque Alberto, o luterano, mostrou-se mais cordial nas suas relações com o capítulo. Agora enfrentava novos inimigos, entre os cavaleiros e nobres que traíra. Embora alguns membros da velha ordem se tivessem convertido com ele, muitos tinham-se mudado para a Alemanha, onde conspiraram contra ele, o difamaram e o convocaram a comparecer perante o tribunal do Sacro Império Romano-Germânico. Quando ele se recusou, declararam-no proscrito. Entretanto, Alberto dedicou as suas energias ao desenvolvimento da sua nova pátria. Fundou escolas em todas as vilas da Prússia Ducal. A 12 de fevereiro de 1526, casou-se com a princesa Doroteia da Dinamarca e, depois, gerou seis filhos em rápida sucessão.

O rei da Polónia, que tinha de suportar a presença de grandes comunidades de judeus que haviam sido impelidas para o seu reino pela intolerância noutros países, endureceu gradualmente a sua posição relativamente aos luteranos. Na primavera de 1526, Segismundo ordenou que fossem incendiadas as casas dos poucos luteranos existentes em Cracóvia. Seguiu-se uma rebelião luterana, nesse verão, na cidade de Braunsberg, em Varmia. A maioria dos cidadãos convertera-se à nova religião, nomeadamente o presidente da Câmara, Philip Teschner, filho bastardo do antigo bispo Lukasz Watzenrode. Depois de as forças do rei terem esmagado a sublevação, o bispo Ferber baniu todos os não católicos da diocese. Deu-

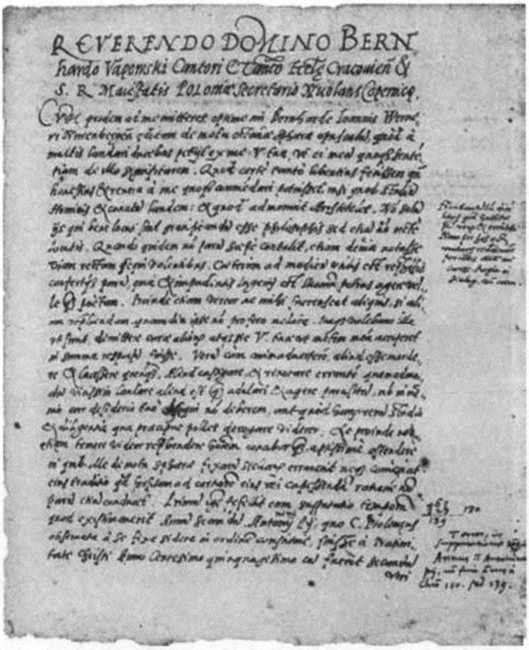
REVERENDO DOMINO BERNhardo Vapowski Cantori et Canonico Eccle Cracovien &
S. R. Maiestatis Poloniae Secretario Nicolaus Copernicus

Tal como o Breve Esboço, *a* Carta contra Werner, *de Copérnico, foi copiada à mão e transmitida, repetidamente, por um astrónomo interessado a outro. Esta cópia particular data de 1549 e abrange dez páginas.*

-lhes um mês a contar da data do seu édito, 22 de setembro, para fazerem as malas e partirem – e, ao partirem, insistia em que entregassem os seus livros pró-luteranos a fim de serem queimados. Nessa altura, o próprio Lutero já publicara vários livros e centenas de panfletos, bem como a sua tradução para alemão do Novo Testamento.

Copérnico e Giese não podiam defender as suas atitudes tolerantes contra as objeções da maioria dos cónegos, do bispo, do rei e do papa. Foram obrigados a votar a favor do édito que expulsava os luteranos de Varmia. Apesar disso, Giese continuou a escrever em defesa do amor e da aceitação enquanto a Reforma ganhava cada vez mais novos partidários. Várias cartas aludem a esses panfletos posteriores de Giese, mas, infelizmente, nenhum foi impresso ou conservado mesmo em manuscrito. Num deles, esforçava-se por demonstrar a compatibilidade da teoria de Copérnico com a Bíblia.

Apenas podemos imaginar de que modo Giese harmonizava o louvor do autor do salmo a uma Terra fixa, «imóvel e firme», com a afirmação do seu amigo de que Terra tinha um movimento de rotação e girava. Ou como explicava a ordem de Josué ao Sol para ficar imóvel, uma vez que o Sol de Copérnico nunca se movia. Talvez Giese não tratasse individualmente cada referência das Escrituras, mas se centrasse em mostrar Copérnico como um homem de Deus, inspirado divinamente e abençoado com perceções do verdadeiro funcionamento do Universo. Independentemente do modo como construiu a sua defesa, deve ter sentido que ela era necessária.

Copérnico também se tornou defensivo. Conforme ele próprio confessou, não se sentia tão confiante em relação ao seu trabalho que não

O rei Segismundo Augusto I, mostrado aqui numa miniatura de Lucas Cranach, o Velho.

se importasse com as opiniões que outros teriam dele. Concordava com Giese que os leitores ignorantes de astronomia poderiam atacar facilmente as suas ideias distorcendo as suas palavras para atingirem os seus fins. Outros poderiam rir do absurdo da premissa básica. Uma graça surgida a seu respeito dizia que ele confundira a Terra com um dos lados de uma peça de carne e, portanto, a colocara num espeto e a assava no fogo do Sol.

A dificuldade do trabalho, conjugada com a pressão dos outros deveres, pode ter mantido controladas as angústias de Copérnico enquanto escrevia o seu livro sobre as revoluções celestes. Uma vez que não escreveu um registo dos seus progressos, e ninguém testemunhou a sua tarefa isolada, é difícil dizer quando escreveu esta ou aquela secção, ou quanto tempo dedicou a cada uma delas. A última observação referida nas suas páginas é a realizada a 12 de março de 1529, quando a Lua passou diante do planeta Vénus e o escondeu da vista.

«Vi Vénus começar a ser ocultado pelo lado escuro da Lua a meio caminho entre os dois cornos uma hora depois do pôr-do-sol – o início da oitava hora após o meio-dia», registou. «Esta ocultação durou até ao fim dessa hora ou um pouco mais, quando observei o planeta a emergir em direção a oeste, no outro lado. Portanto, a meio dessa hora ou perto dela, houve claramente uma conjunção da Lua e de Vénus, um espetáculo que testemunhei em Frauenburg.» Usou essa observação, combinada com outras da antiguidade, para descrever as revoluções e as deslocações médias de Vénus, em diversas páginas de diagramas e provas geométricas expressadas na sua caligrafia miúda e nítida.*

Tendo terminado praticamente o seu livro em 1535, Copérnico perdeu a coragem. Preocupava-o que os seus laboriosos cálculos e tabelas

* Contra todas as expectativas, todo o original manuscrito de *Das Revoluções* chegou aos nossos dias – um maço atado de papel amarelecido com uma espessura de duzentas folhas – em extrema segurança, na Biblioteca da Universidade Jaguelónica de Cracóvia.

não tivessem a correspondência perfeita com as posições planetárias que ele pretendera atingir. Temia a reação do público. Compreendia o antigo sábio Pitágoras, que comunicara as suas mais belas ideias unicamente aos seus parentes e amigos, e apenas verbalmente, nunca por escrito.

Apesar das décadas de trabalho que investira no texto, Copérnico evitou a publicação. Se a sua teoria aparecesse impressa, dizia, seria alvo de troça. Nenhum argumento de Giese pôde fazê-lo mudar de opinião.

Outros apoiantes tentaram fazê-lo mudar de opinião. No verão de 1533, por exemplo, o distinto linguista e diplomata Johann Albrecht Widmanstetter, à data secretário do papa Clemente VII, proferiu uma palestra sobre a astronomia de Copérnico, nos jardins do Vaticano. Em seguida, após a morte de Clemente no ano seguinte, Widmanstetter entrou para o serviço de Nikolaus Schönberg, o cardeal de Cápua, e despertou nele um profundo desejo de ver publicado o livro de Copérnico.

A 1 de novembro de 1536, o cardeal escreveu, de Roma: «Há alguns anos, chegaram-me notícias da vossa competência, de que todos falavam constantemente.» O cardeal Schönberg fora à Polónia, em 1518, numa missão de paz. Embora Alberto e a Ordem Teutónica tivessem recusado esta iniciativa, o bispo Fabian Luzjanski recebera-o em Varmia. «Na altura, comecei a ter uma alta consideração por vós e também a felicitar os nossos contemporâneos entre os quais gozáveis de tanto prestígio. Porque soubera que não só domináveis extraordinariamente bem as descobertas dos astrónomos antigos, como havíeis formulado também uma nova cosmologia. Nela defendeis que a Terra se move, que o Sol ocupa o lugar mais baixo, e portanto central, no Universo; que o oitavo céu se mantém perpetuamente imóvel e fixo; e que a Terra, juntamente com os elementos incluídos na sua esfera, e a Lua, situada entre os céus de Marte e de Vénus, gira em volta do Sol durante o período de um ano. Soube também que haveis escrito uma exposição de todo este sistema de astronomia, e haveis calculado os movimentos planetários e os haveis inscrito em tabela, para grande admiração de todos. Portanto, exorto-

-vos, com a maior veemência, doutíssimo senhor, salvo se tal para vós for inconveniente, a comunicar esta vossa descoberta a estudiosos, juntamente com as tabelas e tudo o mais que tiverdes e que seja relevante para esta matéria. Ademais, dei instruções a Teodorico de Reden* para mandar copiar tudo em vossa casa, a expensas minhas, e mo enviar. Se acederdes ao meu desejo quanto a esta questão, vereis que estais a tratar com um homem zeloso da vossa reputação e ansioso por fazer justiça a um tão grande talento. Adeus.»

Copérnico recebeu esta carta, leu-a talvez várias vezes e em seguida, sem responder, arquivou-a para utilização futura.

* Teodorico de Reden, que era, tal como Copérnico, cónego em Varmia, desempenhava então a função de representante do capítulo junto da corte papal, em Roma.

CAPÍTULO 6

A Tabela de Preços do Pão

Partindo de um saco de qualquer dos dois cereais,
trigo ou centeio, limpo de toda a erva ou joio antes de moído
de modo que o pão possa ser mais limpo e puro [...]
uma pesagem cuidadosa mostra que são produzidos pelo
menos 30 quilos de pão, sem contar com o peso dos cestos.

DA *TABELA DE PREÇOS DO PÃO*, DE COPÉRNICO, CERCA DE 1531

Depois de ter expulsado os luteranos de Varmia, o bispo Ferber começou a pôr ordem na sua casa. Que vergonha, queixou-se em fevereiro de 1531, que em todo o capítulo quase não houvesse padres que pudessem celebrar missa. Uma falta geral de ordens sacras caracterizava, havia muito, os cónegos de Frauenburg, mas agora o bispo, que fora ordenado, implorou a todos que recebessem ordens – a graça especial, transmitida pela imposição das mãos, que lhes dava o poder de ministrarem os sacramentos – antes da Páscoa. Resolveu investigar os aspetos privados da vida dos cónegos e não hesitou em censurar a mínima infração. Os mais de oitenta quilómetros que separavam o bispo dos seus subordinados não constituíam, aparentemente, um impedimento a que tomasse conhecimento das suas faltas, como quando descobriu que a antiga governanta do cónego Copérnico, apesar de ter sido despedida havia muito, regressara recentemente a Frauenburg e passara a noite com ele.

Dessa vez, o bispo pegou diretamente na pena, passando ao lado do seu secretário pessoal. Até onde lhe era dado lembrar – ou, mais provavelmente, lhe fora lembrado por um informador – a governanta casara-se apressadamente depois de ter sido despedida, como que para esconder uma gravidez inconveniente, mas separara-se mais tarde do marido. O bispo compreendia essas coisas. Também ele estivera apaixonado na juventude, até que a sua pretendida pusera termo ao noivado. Lutara arduamente para defender o direito à sua mão, mostrando peças de vestuário dela para provar que houvera intimidade entre os dois, pondo uma ação contra a família dela no tribunal papal e deslocando-se a Roma para apresentar o caso pessoalmente. Quando, por fim, a sua amada se casara com outro homem, Maurycy, Ferber optara pela vida sacerdotal.

Agora, o bispo Ferber exigia a Copérnico que cumprisse os deveres do cargo. Com a Santa Madre Igreja sob ataque dos luteranos, não podia aceitar-se a menor quebra de decência.

«Meu nobre senhor», respondeu Copérnico, a 27 de julho de 1531, «Reverendíssimo Pai em Cristo, meu clemente e excelentíssimo senhor: com a devida expressão de respeito e deferência, recebi a vossa carta. Dignastes-vos, uma vez mais, escrever-me pela vossa própria mão, transmitindo uma admoestação, ao início. No que a tal respeita, rogo mui humildemente a Vossa Excelência Reverendíssima que não ignore o facto de a mulher sobre a qual escreveis ter sido dada em casamento sem qualquer plano ou ação da minha parte. Mas eis o que aconteceu. Considerando que outrora fora a minha fiel servidora, com toda a minha energia e zelo esforcei-me por os convencer a permanecerem um com o outro como esposos respeitáveis. Atrever-me-ia a chamar Deus como minha testemunha nesta questão, e ambos o reconheceriam caso fossem interrogados. Mas ela queixou-se de que o seu marido era impotente, uma situação que ele reconheceu tanto em tribunal como fora dele. Logo, os meus esforços foram vãos, uma vez que apresentaram o caso perante sua Excelência o Deão, sobrinho de Vossa Excelência Reverendíssima, de grata memória, e depois perante o Venerável Guardião [Tiedemann Giese]. Donde, não posso dizer se a separação foi solicitada por ele ou por ela ou pelos dois por mútuo consentimento.

Todavia, no que respeita à questão, reconheço perante Vossa Senhoria que quando, recentemente, ela passou por aqui, vinda da feira de Königsberg, com a mulher de Elbing que a emprega atualmente, ficou em minha casa até ao dia seguinte. Mas uma vez que me apercebo da má impressão a meu respeito que daí pode decorrer, organizarei os meus assuntos de tal forma que ninguém terá qualquer pretexto razoável para, doravante, suspeitar o menor mal da minha pessoa, sobretudo tendo em conta a admoestação e exortação de Vossa Excelência Reverendíssima. Desejo obedecer-vos de bom grado em todas as questões, e deveria obedecer-vos, devido ao desejo de que os meus serviços possam ser sempre aceitáveis».

Nesse momento, os serviços oficiais de Copérnico faziam dele responsável pela contabilidade do capítulo. Ele e Giese, o outro responsável, trabalhavam lado a lado recebendo os pagamentos a prestações de indivíduos ricos que haviam comprado terras ou realizado transações comerciais com a diocese. Geriam também os fundos das dotações do capítulo e investiam o seu dinheiro em diversos negócios, nomeadamente a construção de uma taberna e estalagem em Frauenburg. Os responsáveis faziam novas compras – de imóveis e, por vezes, também de abastecimentos, como «canhão, espingardas, chumbo e pólvora para a defesa da Catedral» – e pagavam o salário do pregador da catedral.

Provavelmente no seguimento dos seus deveres como responsável, em 1531, Copérnico criou a sua *Tabela de Preços do Pão*, sem data. Este documento manuscrito tinha como objetivo fixar o preço do pão diário de um camponês em um dinheiro, uma soma que ficava ao alcance de todos – e, ao mesmo tempo, proteger os interesses da padaria que era explorada pelo capítulo. Aconselhava que o peso de um pão de um dinheiro fosse ajustado de acordo com o preço do cereal. Abordando o problema com a meticulosidade que lhe era própria, calculou uma escala variável para cobrir uma ampla gama de alterações de mercado previsíveis. Quando as colheitas eram abundantes e o cereal se vendia por uma ninharia, por exemplo, nove *shillings* (cinquenta e quatro dinheiros) por saca, os camponeses partilhariam a abundância, porque os seus pães de um dinheiro pesariam, cada um, mais de uma libra. No entanto, em anos de escassez, se os preços do cereal tivessem uma subida meteórica para, por exemplo, sessenta e seis *shillings* por saca, então, recomendava Copérnico, um pão tinha de se reduzir necessariamente a um sexto de libra. O capítulo podia compensar os seus outros custos de produção – salário do padeiro, fermento – com a venda em separado de farelo e palha.

Enquanto responsável, Copérnico fazia viagens frequentes a Heilsberg na sua qualidade de médico do capítulo, porque o bispo Ferber não era um homem saudável. O doutor Copérnico reuniu-se várias vezes com os médicos do rei para decidirem o seu tratamento. O bispo, que ficara com uma deficiência parcial devido a doença, uns anos antes, parecia incapaz de recuperar as forças. Era obrigado a enviar representantes a reuniões onde exigiam a sua presença. Em 1532, aos sessenta e um anos, reconheceu a sua falta de saúde nomeando um coadjutor para o ajudar e, futuramente, lhe suceder. Como seria de esperar, escolheu Giese. Mas o rei Segismundo interferiu e, por sua vez, deu o posto a um diplomata de carreira chamado Johannes von Höfens, chamado frequentemente Johannes Flaxbinder porque os seus antepassados trabalhavam como cordoeiros, e que assinava os seus poemas e cartas como Johannes Dantiscus, numa homenagem a Danzig, a sua terra natal.

Dantiscus passara anos a tentar obter uma conezia lucrativa em Varmia. O rei nomeou-o pela primeira vez em 1514, para ser coadjutor de

Andreas, mas a corte papal apoiou outra pessoa. O falecimento inesperado de outro cónego, em 1515, permitiu mais uma vez que o rei nomeasse Dantiscus seu substituto, mas, desta vez, tanto o capítulo como o papa se opuseram. Mas o rei continuou a preferir Dantiscus, não esquecendo o poema de amor que este escrevera três anos antes – o epitalâmio para o casamento real de Segismundo e Bárbara. (Em 1515, a jovem rainha já jazia no seu túmulo, pois tinha apenas vinte anos quando faleceu ao dar à luz a sua segunda filha.)

Dantiscus fez nova tentativa de obter uma conezia em 1528, quando representava a Polónia na corte espanhola – pouco depois de ter sido bem-sucedido a negociar para a nova rainha de Segismundo, Bona Sforza, o título que ela pretendia de duquesa de Bari. A terceira candidatura de Dantiscus obteve realmente o apoio do capítulo, mas falhou novamente em Roma. Finalmente, na quarta tentativa, em 1529, Dantiscus viu satisfeito o seu desejo. E depois, logo no ano seguinte, como que para recompensar a sua persistência, o rei escolheu o cónego Dantiscus para ser bispo de Kulm. A diocese próxima de Kulm era o local onde estava instalado o convento cisterciense onde a irmã de Copérnico, Bárbara, se tornara freira. Embora Kulm não pudesse comparar-se com Varmia em termos de poder político ou de riqueza, Dantiscus ficou feliz com a perspetiva de usar a mitra. No entanto, permaneceu em Espanha durante os dois anos seguintes, para concluir a missão que lá lhe fora atribuída pelo governo e também para resolver o problema de receber ordens sacras, de modo a ser padre antes de ascender ao episcopado.

Regressado à Polónia em 1532 como bispo designado de Kulm, constituía um forte candidato a coadjutor do doente bispo Ferber. Enquanto esperava o resultado dessa corrida, convidou dois dos seus colegas cónegos de Varmia – Copérnico e Felix Reich, mas não Giese – para assistirem à sua havia muito adiada cerimónia de investidura em Löbau, no domingo, 20 de abril de 1533. Ambos os cónegos convidados apresentaram desculpas para não comparecerem.

Johannes Dantiscus, bispo de Varmia.

«Excelência, Reverendíssimo Pai em Cristo», escreveu Copérnico, «recebi a carta de Vossa Excelência Reverendíssima, na qual reconheço plenamente a vossa bondade, amabilidade e boa vontade para comigo… Tal é certamente devido, não aos meus serviços mas sim, em minha opinião, à bem conhecida generosidade de Vossa Excelência Reverendíssima. Pudesse eu algum dia ter a oportunidade de a merecer! Estou, é claro, mais contente do que me é permitido dizer por ter encontrado tal patrono e protetor.

No entanto, Vossa Excelência Reverendíssima solicita a minha presença junto de vós no dia 20 deste mês. Embora o fizesse com o maior prazer, porque tenho razões mais do que suficientes para satisfazer os desejos de um amigo e patrono tão eminente, no entanto quis a má sorte que, nesse preciso momento, sejam exigidas as presenças do cónego Felix e minha nos nossos postos devido a certas atividades e motivos inadiáveis. Portanto, rogo a Vossa Excelência Reverendíssima que me perdoe a ausência nesse momento. Em qualquer outra altura estarei pronto, sem reservas, como deveria estar, para visitar Vossa Excelência Reverendíssima e fazer tudo o que desejardes, desde que Vossa Excelência Reverendíssima mo ordene, a qualquer outro momento. Reconheço que, doravante, mais do que satisfazer os vossos pedidos, executarei as vossas ordens».

No entanto, continuou a evitar contactos. Dois anos mais tarde, numa carta em que declinava um convite de Dantiscus para um casamento familiar, Copérnico pedia desculpa por ainda não ter ido visitá-lo a Löbau. Agora, lamentava que novos deveres inadiáveis em Varmia o impedissem de estar presente na cerimónia nupcial. «Portanto, dignai-vos perdoar a minha ausência pessoal e manter a vossa antiga atitude em relação a mim, apesar de não estar presente. Porque um encontro das mentes costuma ser ainda mais importante do que um encontro dos corpos.»

No entanto, Copérnico não pôde distanciar-se indefinidamente de Dantiscus. A 1 de julho de 1537, o bispo Ferber morreu com um acidente vascular enquanto o Doutor Copérnico corria para junto dele. Pouco depois, tal como fora predeterminado, os cónegos elegeram Dantiscus para bispo de Varmia. Quanto à sede vacante do novo bispo, em Kulm, viria a ser ocupada por Tiedemann Giese. Iria precisar de se mudar para a muito mais pobre diocese de Kulm, a sudoeste de Varmia, longe de Copérnico e dos seus companheiros habituais, embora conservasse a sua posição de cónego.

Todo o ressentimento que Dantiscus acumulara durante os anos de desconsiderações por parte dos cónegos de Varmia explodiu então numa mostra de comportamento vingativo. Começou com Giese. A rivalidade entre o coadjutor e o homem fora demasiado próxima e Dantiscus decidiu negar a Giese a possibilidade de vir a ser – algum dia – bispo de Varmia, mesmo depois da morte de Dantiscus. Embora parecesse improvável que Giese, que era cinco anos mais velho, sobrevivesse a Dantiscus, este procurou, mesmo assim, retirar-lhe todas as hipóteses. Para tal, exigiu que Giese, como bispo de Kulm, renunciasse à sua conezia em Varmia e pressionou Copérnico a que intimasse a renúncia de Giese através dos canais oficiais do capítulo.

«No que respeita a essa questão das conezias, de que Vossa Excelência Reverendíssima me encarregou», escreveu Copérnico, que se encontrava em Frauenberg, no Domingo de Páscoa de 1538, a Dantiscus, em Heilsberg, «recebi o plano e partilhei-o com o Reverendíssimo Bispo de Kulm». Mas, lamentava Copérnico, a questão não podia ser apresentada ao capítulo nesse momento, dado que outros casos mais prementes tinham de ser apreciados primeiro. «Quando tal for feito, haverá uma melhor oportunidade para apresentar a proposta, salvo se, entretanto, for concebido outro plano por Vossa Excelência Reverendíssima, a quem desejo que os meus serviços sejam aceitáveis.»

Um acervo surpreendentemente rico de correspondência deste período documenta as intrigas que germinavam na catedral. Uma carta, da rainha Bona, felicitava Dantiscus pela sua ascensão ao bispado de Varmia e lembrava-lhe o seu novo dever de fornecer bons cavalos alemães, «inclusive do seu próprio estábulo», ao seu filho, o príncipe Segismundo Augusto. A rainha Bona exortava ainda Dantiscus a renunciar à sua conezia em Varmia, com base em que «é impróprio ser o bispo e um dos cónegos na mesma e única igreja». Embora nenhum bispo anterior tivesse feito alguma vez tal concessão, Dantiscus tinha pouco a perder acedendo a esse pedido. Como bispo, os seus bens imóveis e rendimentos tornavam insignificantes as receitas anuais da sua conezia. Renunciou a ela de imediato – não em favor do candidato que Bona escolhera (um primo segundo de Copérnico), mas do seu próprio protegido Stanislaw Hozjusz. Esta jogada deu um novo aliado a Dantiscus no capítulo e permitiu-lhe também brandir as preocupações de Bona quanto a ser bispo e cónego na mesma igreja como uma arma contra Giese. Para dizer a verdade, Giese era bispo de uma igreja (Kulm) e cónego de outra diferente (Varmia), mas Dantiscus ignorou esse pormenor.

Enquanto Copérnico protelava as coisas para proteger Giese, Dantiscus passou a centrar-se na questão das governantas dos cónegos. Salvo se fossem parentes, proclamou o bispo, deveriam ser despedidas. A cozinheira atual de Copérnico, Anna Schilling, uma mulher casada que se encontrava separada do marido legítimo, pode ter sido a mesma pessoa que provocara a ira do defunto bispo Ferber.

«Meu senhor, Reverendíssimo Pai em Cristo, clementíssimo senhor, a quem devo consideração em tudo», foi assim que Copérnico iniciou a sua resposta a Dantiscus, em 2 de dezembro de 1538, «recebi a admoestação bastante paternal, e mais do que paternal, de Vossa Excelência Reverendíssima, que senti até ao âmago do meu ser. Não esqueci, de modo algum, a anterior, que Vossa Excelência Reverendíssima fez pessoalmente e em geral. Embora tenha querido fazer o que aconselháveis, não foi, todavia, possível encontrar de imediato uma parente adequada e, portanto, tencionava ter esta questão resolvida até às festividades da Páscoa. Agora, no entanto, para que Vossa Excelência Reverendíssima não venha a pensar que procuro uma desculpa para adiar, reduzi esse período a um mês, isto é, às festividades do Natal, uma vez que não poderia ser mais curto, como Vossa Excelência Reverendíssima poderá compreender. Porque, na medida do possível, pretendo evitar ofender todas as pessoas boas e ainda menos Vossa Excelência Reverendíssima. A vós, que haveis merecido a minha reverência, respeito e afeto no mais alto grau, me entrego com todas as minhas faculdades.»

Num floreado em grego, no final da carta, em vez de identificar a sua localização como «Frauenburg», na forma costumeira, Copérnico escreveu «Gynopolis». Poderia defender-se que «Gynopolis» correspondia ao significado literal do nome do local. Mas, considerando o contexto da discussão, Copérnico parece dar a entender, maliciosamente, que «a cidade de Nossa Senhora» ganhou um novo significado por causa das suas mulheres mais esquecidas – as governantas.

«Fiz agora o que não devia ou não podia, de forma alguma, ter deixado de fazer», capitulou, no início de janeiro de 1539. «Espero que o que fiz quanto a esta questão esteja totalmente de acordo com as admoestações de Vossa Excelência Reverendíssima.» Fora-se embora. No entanto, a sua partida não satisfizera o desejo que Dantiscus tinha de castigar Copérnico e dois outros cónegos que tinham troçado dele na questão das governantas. O bispo entrou então em comunicação clandestina com o cónego Felix Reich, que não tinha escrúpulos em trair os seus irmãos – inclusive no preciso momento em que Copérnico o estava a tratar de uma úlcera que sangrava. Em troca de informação interna, o bispo Dantiscus oferecia-se para arranjar tudo aquilo de que Reich precisasse para combater as dores, nomeadamente cerveja leve em generosas doses diárias e quantidades ilimitadas de vinho húngaro para fortificar o seu coração.

Os anos que Reich passara como notário haviam-no tornado perito em protocolo legal. Então, aconselhou o bispo Dantiscus a enviar convocatórias seladas dirigidas individualmente aos três cónegos escandalosos. Convocatórias separadas para as mulheres seriam enviadas ao pároco local, que emitiria os avisos a elas dirigidos.

«Deverá ter-se o cuidado de omitir das cartas às outras duas, que não têm marido legítimo», afirmava Reich, «o que se encontra naquela carta anterior relativa à cozinheira de Copérnico, que tem efetivamente um marido legítimo. O início iminente do processo contra as mulheres também provocará um grau razoável de terror.

Independentemente da situação, que Vossa Excelência Reverendíssima aja com firmeza. Deus Todo-Poderoso reforçará o vosso braço para que possais levar a um final feliz o que iniciastes por zelo. Dentro das nossas possibilidades, todos nós ajudaremos a que este caso tenha êxito. No entanto, Vossa Excelência Reverendíssima deverá ter cuidado, mesmo assim, ao iniciar o processo com a força de lei, de não introduzir nas vossas cartas futuras algo contrário ao estilo jurídico formal e costumeiro, como é designado. Porque acontece amiúde que até mesmo o mais ínfimo articulado pode arruinar todo um caso, fazendo que seja declarado nulo se for apresentado a uma instância superior.»

Os jogos amorosos do próprio Dantiscus em Espanha tinham produzido pelo menos uma filha ilegítima e um filho que morreu na infância, mas isso não o impediu de processar os cónegos e as suas concubinas. Tentou agir como Reich dissera, mas não conseguiu evitar os erros na papelada.

«Devolvo todas as cartas porque, numa, há que corrigir um grave erro de escrita, o que não pode acontecer aqui», lamentou Reich, a 23 de janeiro. O escriba do bispo dirigira uma das cartas a Heinrich Scultetus, quando, na verdade, o primeiro nome do cónego era Alexander – pai reconhecido de diversos filhos com a sua empregada interna.

«Ademais, na minha carta anterior, alertei para o banimento de "dez milhas" e "fora da diocese", uma vez que Vossa Excelência Reverendíssima não tem poder para banir alguém para além da vossa diocese, o que, em determinados locais (como aqui em Fraucnburg) não vai além de uma milha. Consequentemente, seria necessário apagar esta referência a dez milhas como a distância para onde são relegadas essas mulheres.» Depois de o bispo ter mandado efetuar estas correções e algumas outras, aconselhava Reich, deveria devolver os documentos com cuidado:

«As cartas para os cónegos deveriam ser atadas separadamente, e as cartas para as cozinheiras da mesma forma, e estas fechadas num sobrescrito e dirigidas ao padre. De outro modo, poderia ocorrer um grande contratempo. Porque se as cartas abertas dirigidas às cozinheiras caíssem nas mãos desses três cónegos, não tenho a menor dúvida de que, sendo intercetadas, as cartas não poderiam atingir o seu objetivo. Logo, Vossa Excelência Reverendíssima dará instruções ao mensageiro encarregado desta devolução para entregar, em primeiro lugar, ao padre os documentos relacionados com as mulheres, antes de tudo o mais, e depois os documentos relacionados com os cónegos, a cada um deles. Este último dará sem dúvida, a cada um, aquela que lhe diz respeito e, se necessário, abordará cada um com a maior circunspeção. Caso contrário, lançará sobre mim algumas suspeitas.

Suponho que Vossa Excelência Reverendíssima tem uma boa razão para escrever muito brevemente a Nicolau e não tem grande importância. Sem dúvida, todos coordenarão tudo entre si.»

Antes de o bispo poder ter agido ou respondido, Reich escreveu de novo, a 27 de janeiro, para agradecer a Dantiscus uma nova entrega de cerveja e vinho, e também para evitar outro *faux pas*.

«Juntamente com o vinho de Allenstein, e mediante o esforço do venerável Administrador de lá, foi-me entregue também a vossa carta para o capítulo. No entanto, temo que contenha algo sobre os processos contra as cozinheiras dos cónegos e contra os próprios cónegos. Não ouso entregar a carta ao capítulo, não vão os seus membros originar uma perturbação neste caso... Peço-vos que não vos deixeis irar por, sem quaisquer instruções, reter a carta de acordo com a minha opinião pessoal.»

A ingerência de Reich terminou em breve com o agravamento da sua doença, que conduziu à sua morte, a 1 de março. O capítulo enterrou-o no dia seguinte. A 3 de março, Copérnico reivindicou a conezia vaga de Reich para o seu parente, Rafael Konopacki, que fora sugerido anteriormente pela rainha Bona. Em abril, o pai do jovem – Jorge Konopacki, governador da Pomerânia – escreveu a Dantiscus para aligeirar o caminho de Rafael para a comunidade da catedral: «Rogo mui humildemente a Vossa Paternidade Reverendíssima (porque compreendi que apoiais sempre os meus assuntos e os de meu filho com uma especial bondade, e vos consideramos a âncora da nossa esperança) que vos digneis assisti-lo com a mesma extrema bondade e boa vontade e ajuda.»

Precisamente no mesmo momento em que Rafael veio para Frauenburg para assumir a sua conezia, em maio de 1539, outro jovem – um matemático brilhante – entrou também na cidade à procura do cónego Copérnico. Ninguém o convidara ou suspeitara sequer da sua chegada. Caso tivesse comunicado antecipadamente o seu desejo de o visitar, sem dúvida teria sido aconselhado a manter-se bem afastado de Varmia. A proclamação mais recente do bispo Dantiscus contra a heresia, emitida em março, reiterava a exclusão de todos os luteranos da província – e Georg Joachim Rheticus, de vinte e cinco anos, era não só luterano mas também professor na universidade do próprio Lutero, em Wittenberg. Ensinara lá um novo rumo para a antiga arte da astrologia, que esperava fundar como ciência respeitada. Lamentando os abusos mundanos da astrologia como a escolha de um bom momento para uma transação comercial, Rheticus acreditava que as estrelas apenas falavam das questões mais graves: um horóscopo marcava o lugar de um indivíduo no mundo e o seu destino último, e não as minudências da sua vida quotidiana. Devidamente interpretados, os sinais celestes prediriam o aparecimento de profetas religiosos e a ascensão ou queda dos impérios seculares.

Rheticus deixara Wittenberg no outono anterior, em outubro de 1538, no meio de querelas por causa de uns versos ordinários escritos por um amigo seu troçando de Lutero. Afastado dos seus deveres de ensino, passara meses a viajar pela Alemanha, tentando encontrar os melhores profissionais para aumentar os seus conhecimentos de astronomia e das suas aplicações astrológicas. Em Nuremberga, ouviu falar, pela primeira vez, do cónego polaco que explicava os movimentos celestiais centrando-os no Sol. Este conceito pareceu, a Rheticus, uma cosmologia redentora e, sem demora, iniciou a viagem de oitocentos quilómetros até à Prússia setentrional para aprender, na fonte, os pormenores da teoria.

O nome Rheticus, tal como o de Dantiscus, derivava de um local e não de uma pessoa. Rheticus teria usado o seu verdadeiro apelido se tal lhe fosse permitido, mas a sua família fora despojada desse privilégio depois de o seu pai, o médico Georg Iserin de Feldkirch, ter sido decapitado pelos seus crimes, em 1528. Alguns dos que o acusaram classificaram Iserin como feiticeiro; outros chamaram-lhe um ladrão que viera a suas casas para prestar cuidados médicos mas partira com os seus bens. Rheticus, que tinha catorze anos quando da execução do pai, começou por usar o nome de solteira da mãe, De Porris, mas mais tarde mudou-o para Von Lauchen, que tinha uma sonoridade mais alemã, e que significava a mesma coisa: «dos alhos-porros». No início dos seus estudos universitários em Wittenberg, em 1532, passou a utilizar o topónimo que o ligava à sua terra natal alpina de Rhaetia.

Rheticus iniciara os estudos com interesse pela medicina mas mostrava uma aptidão fora do comum para os números. Em breve ficou sob a proteção do célebre estudioso humanista Filipe Melanchton, «o professor da Alemanha» e também o supervisor de confiança de Lutero para os assuntos universitários. Tal como Rheticus contou mais tarde, o paternal Melanchton empurrou-o para o campo da matemática – para o estudo da aritmética, da geometria e da astronomia. Em 1536, para não perder Rheticus depois de lhe ter concedido o grau de mestre, Melanchton criou uma segunda cátedra de matemática para ser especialmente preenchida por ele. Rheticus, então com vinte e dois anos, assinalou a sua passagem de aluno para membro da faculdade de Wittenberg com um discurso público de tomada de posse. Sentindo--se pouco à vontade como centro de toda aquela atenção, preveniu os ouvintes de que era «tímido por natureza» e gostava acima de tudo «daquelas artes que adoram esconderijos e não obtêm aplausos entre as multidões». Apesar disso, saiu-se extraordinariamente bem no seu discurso. «É característico da mente honrada», disse, «não amar nada mais ardentemente do que a verdade e, inspirada por este desejo, procurar uma ciência genuína da natureza universal, das religiões, dos movimentos e efeitos do céu, das causas da mudança, não só de corpos animados mas também de cidades e reinos, das origens dos deveres nobres e de outras coisas tais». A matemática, confessava, unia todas essas demandas.

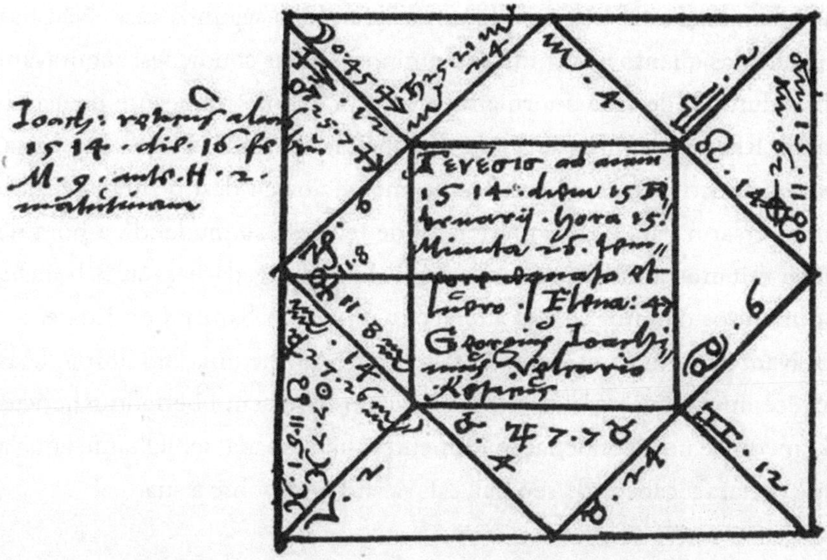

CARTA ASTRAL DE RHETICUS

As perspetivas difíceis sugeridas neste horóscopo para Georg Joachim Rheticus fizeram que o seu aluno Nicolau Gugler, que traçara a carta, calculasse novamente a hora e a data de nascimento do professor. A data verdadeira de 16 de fevereiro, escrita na margem, está em desacordo com a data mais favorável constante do diagrama, 15 de fevereiro.

Para além da consideração mútua, Rheticus e Melanchton partilhavam uma devoção pela astrologia que não incluía o cético Lutero. «A astrologia é regida pelo demónio», escarneceu Lutero, à mesa, um dia, «porque aqueles que observam as estrelas não pressagiam nada de bom com base nos planetas». No entanto, a astrologia, tal como era seguida por Melanchton, não tinha qualquer laivo de demónio ou de magia. Os seus preceitos eram apoiados pelo texto do Génesis, que contava como Deus colocou «luzeiros no firmamento dos céus» não só para «separarem o dia da noite», mas também para servirem de «sinais».

É claro que Rheticus elaborara o seu próprio horóscopo. O seu nascimento, às primeiras horas de 16 de fevereiro de 1514, coincidia com uma conjunção da Lua e de Saturno na décima segunda casa. Não havia dúvidas quanto ao significado ominoso destas condições: auguravam uma duração de vida anormalmente curta. Como praticante de astrologia, Rheticus conhecia diversas maneiras de retificar uma má carta. Numa experiência, escapava tecnicamente ao seu destino transferindo o aniversário para o dia anterior, 15 de fevereiro, e mudando a hora de nove minutos antes da segunda hora da madrugada para as 3 horas e 26 minutos da tarde. Estas alterações afastavam Saturno da Lua e colocavam-nos em casas separadas, concedendo-lhe uma moratória. Mas parece improvável que esses malabarismos tivessem libertado Rheticus do medo de uma condenação iminente. Uma espada, semelhante àquela que cortara a cabeça de seu pai, estava suspensa sobre a sua.

SEGUNDA PARTE

Interação

Vós que desejais estudar coisas grandes e maravilhosas, que vos interrogais sobre o movimento das estrelas, deveis ler estes teoremas sobre triângulos. Conhecer estas ideias abrirá as portas à totalidade da astronomia.

JOHANNES MÜLLER, CONHECIDO COMO
REGIOMONTANUS (1436-1476), AUTOR DE
EPÍTOME DO ALMAGESTO DE PTOLOMEU E *DE TRIANGULIS*.

No dia em que o Senhor entregou os amorreus nas mãos dos filhos de Israel, Josué falou ao Senhor e disse na presença dos israelitas: «Sol, detém-te sobre Gabaon, e tu, ó Lua, para sobre o vale de Aialon.»

E o Sol deteve-se e a Lua parou até que o povo se vingou de seus inimigos. Não está isto escrito no Livro do Justo? O Sol parou no meio do céu, e não se apressou a pôr-se pelo espaço de quase um dia inteiro.

Nem antes nem depois, houve um dia tão longo como aquele em que o Senhor obedeceu à voz dum homem, porque o Senhor combatia por Israel.

JOSUÉ 10:12-14

E O SOL
IMOBILIZOU-SE

Uma Peça em Dois Atos

❋ ❋

PERSONAGENS

COPÉRNICO, de 65 anos, médico e cónego (administrador de igreja) em Varmia, no Norte da Polónia

BISPO (de Varmia), de 53 anos

FRANZ, de 14 anos, o acólito do BISPO.

RHETICUS, de 25 anos, matemático de Wittenberg

ANNA, de 45 anos, governanta de COPÉRNICO

GIESE, de 58 anos, bispo de Kulm (outra diocese do Norte da Polónia) e cónego de Varmia

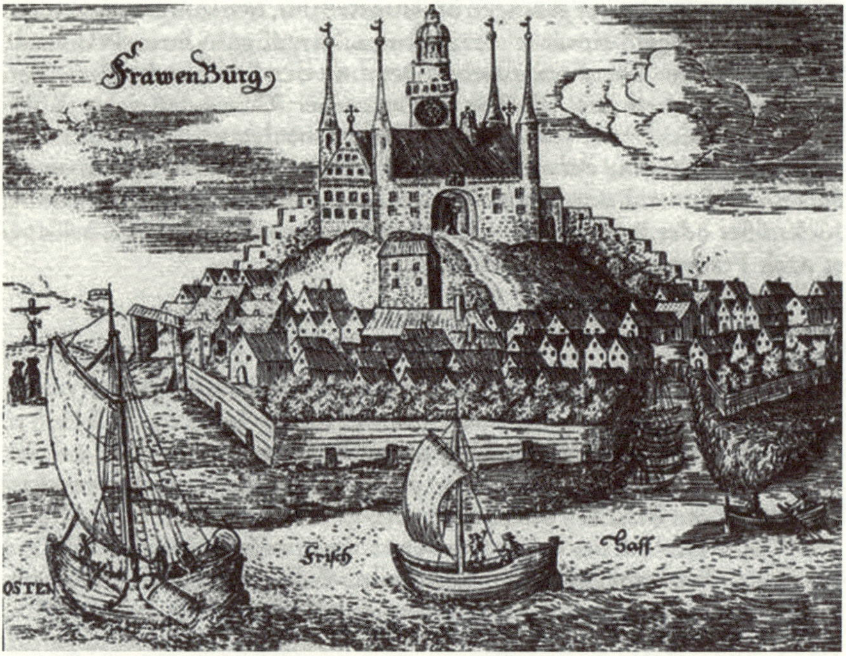

Copérnico, natural de Torun, viveu trinta anos em Frauenburg, «a cidade de Nossa Senhora», à sombra da sua catedral medieval. Frauenburg, sede da diocese de Varmia, é o cenário da peça.

I ATO

Cena 1. No quarto do Bispo

CONSULTA AO DOMICÍLIO

Estamos em maio de 1539, na Polónia setentrional, perto de uma catedral medieval cingida por muralhas fortificadas.

Escuridão. O ruído de alguém que tenta vomitar. A luz incide sobre Copérnico, *de pé ao lado do* Bispo, *seu paciente, que está sentado na beira da cama, nos seus aposentos ricamente mobilados, a vomitar para uma bacia.*

Franz, *o assustado jovem acólito, vai e vem para dar ajuda, quando necessário.*

Bispo. Oh, Deus. Oh, Céus, ajudai-me.

Copérnico. Penso que é tudo, Reverência.

Copérnico *pega na bacia, mas o* Bispo *agarra-a e vomita de novo, caindo depois para trás, sobre a cama.*

Bispo. Oh, Senhor, tende piedade. Ohhhh.

COPÉRNICO. Leva isto daqui, Franz. És um bom rapaz.

FRANZ *faz uma vénia, sai com a bacia.*

O BISPO *contorce-se, geme.*

BISPO. Julguei que ia mesmo morrer.

COPÉRNICO. A dor vai diminuir, agora que o emético livrou o vosso corpo dessa toxina. Amanhã devereis estar bem.

BISPO. «Toxina»?!

COPÉRNICO. Agora, já desapareceu. Foi expelida por vós.

BISPO. Veneno?!

COPÉRNICO. Não. Não, uma toxina é...

BISPO. Os luteranos!

COPÉRNICO. Ora, ora.

BISPO. Fui envenenado. Se não tivésseis vindo, estaria morto.

COPÉRNICO. Não foi veneno, Reverência. Mais provavelmente foi algo que comestes.

BISPO. Claro que foi algo que comi. Põem-no na minha comida. De que outro modo chegariam a mim?

COPÉRNICO. Poderia ter sido um pedaço de peixe estragado.

BISPO. O pessoal da cozinha! Aquela cozinheira vesga deve ser simpatizante dos luteranos.

COPÉRNICO. Apenas um pedaço vulgar de peixe estragado. Não foi veneno.

BISPO. Os luteranos querem assassinar-me.

COPÉRNICO. Ou talvez demasiadas enguias. Vossa Reverência gosta muito de enguias.

BISPO. Devia ter desconfiado. Expulsá-los da província não foi suficiente para eliminar a ameaça.

COPÉRNICO. Bebei isto, Reverência. Para vos acalmar os nervos e trazer o sono.

BISPO. Sono?! Como posso dormir quando os cães luteranos me acossam?

COPÉRNICO. Neste momento, o sono é a melhor coisa.

BISPO. Piores do que cães. Gentalha! Maus e perigosos. Ignoram, pura e simplesmente, a lei. Estão abaixo da lei. Aqui, no meio de nós, à espera do momento para atacarem. Oh, Nicolau, e se tentarem de novo? Suponde que fazem um novo atentado contra a minha vida e não chegais a tempo? E se...?

COPÉRNICO. Tomai isto, por favor, Reverência.

O BISPO *recusa o remédio, empurra* COPÉRNICO, *afastando-o.*

BISPO. Temos de os perseguir mais energicamente. Ameaçar os infratores com castigos mais pesados. Não vou permitir que me façam o mesmo que fizeram ao bispo Ferber.

COPÉRNICO. O bispo Ferber?

BISPO. Agora, compreendo tudo.

COPÉRNICO. Ninguém envenenou o bispo Ferber.

BISPO. Não precisavam de o fazer! Ele deixava-os fazer o que queriam. Faziam dele gato-sapato. Até que Deus Todo-Poderoso interveio para o castigar por ele não os castigar.

COPÉRNICO. O bispo Ferber morreu de sífilis.

BISPO. Um dos castigos preferidos de Deus.

FRANZ *regressa e afadiga-se a arrumar o quarto.*

BISPO. Aah! Agora, acabou. Está sepultado e que descanse em paz. Mas porque é que deixou toda esta confusão dos luteranos nas minhas mãos?

O BISPO *começa a sair da cama, mas* COPÉRNICO *segura-o.*

BISPO. Tenho de os tratar duramente. Não posso dar-me ao luxo de mostrar fraqueza.

COPÉRNICO *consegue manter o* BISPO *na cama.*

BISPO. Oh, o meu coração. Franz! Traz-me um copo do meu vinho moldavo. E outro para o doutor Copérnico.

FRANZ *sai.*

BISPO. Aquele vinho é o melhor tónico. Para me dar forças para a luta. Vou emitir um novo édito. Desta vez, vou proibir também os livros deles, para que não possam… Proibi-los e queimá-los. E a sua música é um anátema.

FRANZ *regressa com dois copos cheios.*

BISPO. Agora, ninguém vai poder cantar aqueles hinos odiosos. Sob pena de... Aaahhh! Aqui estão as nossas bebidas.

COPÉRNICO *pega num copo, põe o remédio dentro dele e estende-o ao* BISPO, *que o bebe.*

BISPO. Agh! Maldito veneno! Matou o gosto do prazer.
COPÉRNICO *(erguendo o outro copo)* À vossa saúde, Reverência.
BISPO. Ámen.

Bebem ambos.

COPÉRNICO *entrega o seu copo a* FRANZ, *e prepara-se para sair.*

BISPO. Não vos apresseis a partir, Nicolau.
COPÉRNICO. O sono será a melhor companhia, agora, e chegará em breve.
BISPO. Ficai e tomai mais uma bebida. A vossa conversa é um conforto para mim.

A um sinal do BISPO, FRANZ *sai.*

Copérnico. Deveria ir-me embora, neste momento.

Bispo. Qual é a pressa?

Copérnico. Não posso afastar Vossa Reverência do sono que receitei.

Bispo. Correis para casa para os vossos… deveres masculinos?

Copérnico. Os meus…?

Bispo. Poupai-me esse olhar inocente. Sabeis de que falo.

Copérnico. Não sei…

Bispo. A vossa rameira!

Copérnico. Quereis dizer a minha…?

Bispo. Sabeis muito bem a quem me refiro.

Copérnico. Ela não é…

Bispo. Devíeis livrar-vos dela.

Copérnico. Mas ela…

Bispo. Não é luterana, pois não?

Copérnico. Não.

Bispo. De qualquer modo, livrai-vos dela.

Franz *regressa com mais vinho e serve-o.*

Bispo. Estou a falar a sério, Nicolau. Quero-a fora de vossa casa. Parece mal. Manter assim uma mulher casada.

Copérnico. Cozinha e faz as limpezas para mim.

Bispo. Nem sequer é vossa parente. É indecoroso.

Copérnico. Se tivesse uma parente que pudesse…

Bispo. E demasiado bela.

Copérnico. Ela não fez nada errado.

Bispo. Arranjai uma velha bruxa. Ou um rapaz, para se encarregar das vossas… necessidades. *(bebe o segundo copo)* Escutai, Nicolau. Quanto a mim, não me interessa quem está na vossa cama. Compreendo os apetites de um homem. Deus sabe que dei as minhas cabeçadas. Fiz um ou dois filhos, aqui e ali, antes… Mas agora é diferente. Com Lutero e os seus demónios a gritarem para as Alturas e Roma contra os abusos da Igreja, um homem na vossa posição... Um cónego desta catedral! Tendes de parecer acima de qualquer censura!

COPÉRNICO. Sim, Reverência.

BISPO *(bocejando)* Ide agora para casa. Dizei-lhe que arranje um novo emprego. Algures longe daqui.

COPÉRNICO *sai.*

As luzes apagam-se progressivamente.
Um sino toca: são 3 da manhã.

CENA 2. NO EXTERIOR DA CASA DE COPÉRNICO

CHEGA UM ESTRANHO

Alguns minutos mais tarde, fora das muralhas da catedral,
COPÉRNICO *dirige-se a pé para casa, com uma lanterna.*
À porta de sua casa, descobre RHETICUS, *deitado no chão.*
COPÉRNICO *dá um salto para trás e, em seguida, inclina-se*
para o examinar, verificando a pulsação, abrindo-lhe a roupa.

RHETICUS *acorda com um grito, salta.*

RHETICUS. Eh! Larga-me!
COPÉRNICO. Estais doente?
RHETICUS. Afasta-te de mim! Ladrão!
COPÉRNICO. Estava apenas a tentar...
RHETICUS. Ladrão!

RHETICUS *lança-se sobre* COPÉRNICO; *lutam.*

COPÉRNICO. Não! Oh!

RHETICUS. Que tiraste?

COPÉRNICO. Não… Oh!

RHETICUS. Devolve-mo!

COPÉRNICO. Não!

RHETICUS. *(prendendo* COPÉRNICO *ao solo)* Devolve-mo ou estrangulo-te.

COPÉRNICO. *(sufocado, arfando)* Sou médico.

RHETICUS. O quê?

COPÉRNICO. Sou médico. Pensei que estáveis doente. Estava a tentar ajudar.

RHETICUS *solta* COPÉRNICO *e, depois, põe-se de pé, apalpa o corpo para se certificar de que tem todos os seus bens, procura no saco.*

COPÉRNICO *tenta levantar-se.*

RHETICUS. Ficai quieto.

COPÉRNICO. Quem sois vós?

RHETICUS. Haveis-me causado um susto de morte.

COPÉRNICO. Pensei que estáveis morto. Pensei…

RHETICUS. Estava apenas à espera, ali, quando chegastes e…

COPÉRNICO. Estáveis deitado no chão.

RHETICUS. Ali mesmo. Estava sentado ali mesmo.

COPÉRNICO. *(esforçando-se por se levantar)* Quem sois vós?

RHETICUS. Estava à espera para ver…

COPÉRNICO. Ai!

RHETICUS. Estais ferido?

COPÉRNICO. O meu tornozelo. Penso que….

RHETICUS. Deveis tê-lo torcido quando caístes.

COPÉRNICO. (*apontando para o saco de* RHETICUS) Dai-me isso, por favor…

Copérnico *enfia o saco debaixo do pé e ata o lenço à volta do tornozelo.*

Rheticus. Perdoai-me ter-vos magoado, doutor. Não sabia…

Copérnico. Que fazeis aqui?

Rheticus. Estou à espera do cónego Copérnico. Esta é a casa dele, não é?

Copérnico. Que lhe quereis?

Rheticus. Está doente? Foi por isso que viestes?

Copérnico. Não, não está doente.

Rheticus. Graças a Deus. Imaginai se tivesse feito todo este caminho para descobrir que o grande cónego, o cónego *das estrelas*, estava demasiado doente para me receber.

Copérnico. Que lhe chamastes?

Rheticus. Peço-vos que me perdoeis, doutor. Geralmente, não me envolvo em cenas de pugilato. Podereis não acreditar, mas a minha profissão é académico.

Copérnico. Vós?

Rheticus. Matemático.

Copérnico. A sério?

Rheticus. Professor de matemática, na verdade. *(estendendo a mão)* O meu nome é Rheticus, senhor. Georg Joachim Rheticus.

Copérnico *começa a estender-lhe a mão.*

Rheticus. Da faculdade de matemática de Wittenberg.

Copérnico. *(retirando a mão)* Wittenberg?

Rheticus. Ouvistes falar dela, é claro!

Copérnico. Viestes até cá? De Wittenberg?

Rheticus. Para dizer a verdade, estava efetivamente em Nuremberga quando decidi vir até cá.

COPÉRNICO. Mas Wittenberg é…

RHETICUS. Nuremberga é ainda mais longe. Acrescentei mais cerca de duzentos quilómetros à minha viagem.

COPÉRNICO. Mas não é seguro.

RHETICUS. Nos dias que correm, não é seguro viajar em parte alguma. Entre os bandidos e os cães. E a chuva! Quase me afoguei, duas vezes no mesmo dia, a passar rios a vau.

COPÉRNICO. De Wittenberg.

RHETICUS. O cónego deve conhecer a sua reputação…

COPÉRNICO. Efetivamente.

RHETICUS. Como um lugar onde o estudo da matemática sempre floresceu.

COPÉRNICO. *(devolvendo o saco)* Aqui o tendes, ficai com ele.

RHETICUS. Não, conservai-o. Usai-o enquanto quiserdes.

COPÉRNICO. *(levantando-se com dificuldade)* Estamos na Polónia, professor. Na Polónia católica.

RHETICUS. Tenho a certeza de que o cónego Copérnico me receberá de braços abertos, como filósofo natural.

COPÉRNICO. Não fará tal coisa. Não pode.

RHETICUS. Veremos o que ele… Ora bem, doutor. Tendes a certeza de que conseguis andar?

COPÉRNICO. *(apontando para a casa)* Não tenho de ir muito longe.

RHETICUS. Aqui? Mas… Quereis dizer que sois…?

COPÉRNICO *acena com a cabeça.*

RHETICUS. *(ajoelhando-se)* Oh, não. Oh, meu Deus! Oh, por favor, perdoai-me!

COPÉRNICO. Então, então. Não…

RHETICUS. Imaginei tantas vezes o nosso encontro, e pensar… Meu Deus, estraguei tudo!

COPÉRNICO. Não há problema. Estou bem. Mas era melhor que seguísseis caminho. Este não é um lugar para vós.

RHETICUS. Se ao menos soubésseis como eu….

COPÉRNICO. Por favor, levantai-vos.

RHETICUS. Durante todo o caminho até cá, ensaiei, repetidamente, o que diria quando vos encontrasse.

COPÉRNICO. Dizei-o, nesse caso. De pé.

RHETICUS. *(levantando-se)* Cónego Copérnico, eu… É a maneira adequada para me dirigir a vós? Ou deveria chamar-vos «padre»? Haveis dito que sois doutor?

COPÉRNICO. Não interessa. Dizei o que tendes a dizer.

RHETICUS. Perdoai-me, senhor cónego. Doutor. Tenho aqui cartas de… *(procura no saco)* Cartas de apresentação de…

COPÉRNICO. Não vos preocupeis com isso.

RHETICUS. Aqui estão, senhor. De Schöner, de Nuremberga. E outra aqui, de Hartmann, e também de Peter Apian, e…

COPÉRNICO. Dissestes, de Schöner?

RHETICUS. Sim, senhor. *(estendendo-lhe uma carta)* Ei-la, vede com os vossos próprios olhos. Teve a extrema gentileza de me deixar ficar várias semanas com ele, em sua casa. Esta é de Camerarius, de Tübingen. Tentou convencer-me a não vos procurar. Disse-me que já deveríeis ter morrido. Perdoai-me, senhor. Não pretendia ofender-vos. Só que há muito que ninguém ouve falar de vós. Estão todos à espera. Perguntam-se por que razão vos haveis mantido em silêncio durante todo este tempo.

COPÉRNICO *acaba de ler a carta.*

COPÉRNICO. Não tenho… nada a dizer.

RHETICUS. Sois demasiado modesto, senhor. O que haveis feito… Caramba, destes o maior salto na astronomia desde que… Ptolomeu introduziu o equante. *(agitando as cartas)* Todos falam de vós. «O cónego polaco», é como vos chamam, «que põe a Terra a rodar e obriga o Sol e as estrelas a ficarem imóveis». Dizem que andais a trabalhar na vossa tese há mais anos do que aqueles que tenho de vida.

COPÉRNICO. Neste momento, tudo isso está acabado.

RHETICUS. Está acabado? Podeis divulgar os pormenores?

COPÉRNICO. Aqui não há nada para vós, professor. Devíeis regressar a Wittenberg. Estou certo de que os vossos alunos sentem a vossa falta.

RHETICUS. Com todo o respeito, senhor. As aulas estão interrompidas por causa das férias de verão. E, ademais, tenho estado de licença especial durante os dois últimos semestres, numa missão pessoal, encontrando-me com os mais sábios matemáticos do nosso tempo. Penso que vós, senhor, sois o culminar da minha procura. A verdadeira chave da perfeição das esferas celestes.

Pausa.

RHETICUS. Senhor, procuro colocar de novo a rainha da matemática, isto é, a Astronomia, no seu lugar, tal como merece, e traçar de novo os limites do seu reino.

COPÉRNICO. Não posso ajudar-vos.

RHETICUS. Só vós podeis ajudar-me.

COPÉRNICO. Boa noite, professor.

COPÉRNICO *começa a dirigir-se para a sua porta.*

RHETICUS. E também posso ajudar-vos. Deixai-me contar-vos o meu plano.

COPÉRNICO. Desejo-vos uma boa viagem.

RHETICUS. Ouvi-me!

COPÉRNICO. Silêncio. Estou a dizer-vos, para a vossa própria segurança, que deixeis este lugar.

RHETICUS. A meio da noite? Depois de ter viajado durante semanas só para vos encontrar?

Apaga-se a luz.

CENA 3. DENTRO DA CASA DE COPÉRNICO

DÁDIVAS

Alguns minutos mais tarde, COPÉRNICO *entra na sala principal da casa (não tão luxuosa como o palácio do* BISPO, *mas confortável).*

A casa está pouco iluminada, mas, muito gradualmente, ao longo da cena, a aurora começa a iluminar a sala.

RHETICUS *segue* COPÉRNICO, *entrando na sala.*

COPÉRNICO. Podeis fazer a vossa cama ali.

RHETICUS. Não estou nada cansado. Pergunto-me se poderíamos passar alguns momentos a…

COPÉRNICO. Na despensa, encontrareis pão. Podeis tirar tudo o que for necessário para…

RHETICUS. Oh! Já me estava a esquecer! Com toda esta confusão, senhor, não cheguei a dar-vos os presentes que vos trouxe.

COPÉRNICO. Não posso aceitar presentes.

RHETICUS. *(tirando alguns livros do saco)* Tendes de aceitar. É Ptolomeu.

COPÉRNICO. Obrigado, mas não. Estudei Ptolomeu, é claro. Todos os astrónomos estudaram…

RHETICUS. Deveis ter lido uma tradução em latim, a partir do árabe ou do hebraico. Este é o texto grego original.

COPÉRNICO. Oh?

RHETICUS. Só recentemente encontrada e publicada agora pela primeira vez.

COPÉRNICO. Deixai-me só dar uma vista de olhos.

RHETICUS. E esta é a *Geometria* de Euclides, também em grego. E aqui, Regiomontanus, sobre os triângulos. Adoro aquela parte, no início, em que diz que «Ninguém pode ignorar a ciência dos triângulos, para obter um conhecimento satisfatório das estrelas».

COPÉRNICO. Estes volumes são magníficos.

RHETICUS. Escolhi aqueles que sabia irem agradar-vos, senhor cónego.

COPÉRNICO. Não posso. Eu... Ficai com eles para a vossa biblioteca.

RHETICUS. Já vo-los dediquei.

COPÉRNICO. *(lendo)* «A N. Copérnico, meu professor...» Vosso professor?

RHETICUS. Tinha esperança de...

COPÉRNICO. Não tenho alunos.

RHETICUS. Eu sei, senhor.

COPÉRNICO. Nem qualquer tipo de seguidores.

RHETICUS. Foi por isso que vim.

COPÉRNICO. Sinto muito, professor.

RHETICUS. Para ser vosso discípulo. Sejam quais forem os problemas que interferiram e vos impediram de concluir o vosso trabalho, quero ajudar-vos a resolvê-los. Mostrei-vos as minhas cartas. Até mesmo Melanchton afirma que tenho aptidões excecionais.

COPÉRNICO. Filipe Melanchton?!

RHETICUS. «O professor da Alemanha», sim.

COPÉRNICO. Aquele que Lutero escolheu para seu sucessor? O seu braço direito?!

RHETICUS. Disse que eu nascera para estudar matemática.

COPÉRNICO. Dizei-me, professor: também tendes intimidade com Lutero?

RHETICUS. Oh, agora estou a ver o que vós... Mas juro-vos, senhor, que não partilho as opiniões do reverendo Lutero sobre as vossas ideias. Na verdade, não.

COPÉRNICO. Martinho Lutero tem uma opinião sobre as minhas...?

RHETICUS. É apenas a opinião dele. Enquanto eu penso que a astronomia exige precisamente o tipo de abordagem nova e ousada que assumis.

COPÉRNICO. Que diz sobre ela?

RHETICUS. Oh! As coisas acontecem nas reuniões da faculdade. Almoços. À mesa. Sabeis como é.

COPÉRNICO. Não.

RHETICUS. Houve alguém que lhe transmitiu os pontos essenciais e...

COPÉRNICO. E?

RHETICUS. Bem...

COPÉRNICO. Que disse ele?

RHETICUS. Disse que só um louco viraria toda a astronomia do avesso, apenas pela novidade.

Pausa.

COPÉRNICO. Calculo que, vindo dele, «louco» seja um insulto suave.

RHETICUS. E, é claro, não sabe nada de matemática. Só rejeitou a vossa teoria porque contradiz a Bíblia. Citou Josué 10:12. Sabeis, aquela parte em que Josué diz: «Sol, detém-te sobre Gabaon.»

COPÉRNICO. Sim, sim. Conheço-a bem de mais.

RHETICUS. «E tu, ó Lua, para sobre o vale de Aialon.»

COPÉRNICO e RHETICUS. *(em conjunto)*. «E o Sol deteve-se.»

RHETICUS. Precisamente, senhor. O Sol parou. E é esse o seu argumento. Porque se o Sol já estivesse imóvel, como afirmais, então porque lhe ordenaria Josué que o fizesse?

COPÉRNICO. Porque pensais que foi?

RHETICUS. Deixai-me dizer, a matemática é para os matemáticos. As Escrituras não têm que ver com isso.

COPÉRNICO. Foi isso que lhe dissestes?

ANNA *entra na sala, de roupão, xale e barrete de dormir, empunhando uma vela.*

ANNA. Está tudo bem?

COPÉRNICO. *(avançando para ela)* ANNA. Que fazes levantada a esta hora?

ANNA. Magoaste-te, Mikoj?

RHETICUS. Ela não me quis deixar entrar, quando cheguei.

COPÉRNICO. Não é nada.

ANNA. Que aconteceu?

COPÉRNICO. Torci-o, mais nada.

RHETICUS. Pensei que ela me ia atirar água para cima.

ANNA. Aparcccu à porta depois de teres partido.

RHETICUS. Tentei dizer-lhe que estava apenas…

ANNA. Tive medo de o deixar entrar.

COPÉRNICO. Fizeste o que devia ser feito.

Enquanto ANNA *e* COPÉRNICO *falam,* RHETICUS *procura uns papéis dentro do saco.*

ANNA. Que quer?

COPÉRNICO. Ele? Vai-se embora dentro de poucos…

ANNA. E o bispo?

COPÉRNICO. Oh!

ANNA. Não…?

COPÉRNICO. Não, não. Está… a descansar. Volta para a cama, querida. Desculpa termos-te acordado.

ANNA. Tenho estado acordada toda a noite, preocupada, Mikoj.

COPÉRNICO. Agora está tudo bem.

ANNA. Não gosto do aspeto dele.

COPÉRNICO. Eu trato disso. Não te preocupes.

ANNA *sai, relutantemente.*

COPÉRNICO. Odeio ser pouco hospitaleiro, professor. Quem me dera...

RHETICUS. Trouxe-vos mais uma coisa, senhor.

COPÉRNICO. Não, por favor. Mais presentes, não.

RHETICUS. Estes são de Schöner. Algumas observações recentes que compilou, de Mercúrio. Insistiu em que vo-las entregasse.

COPÉRNICO *agarra nas folhas de papel, estuda-as.*

RHETICUS. Ele não fez as observações pessoalmente. Disse que as recebeu de outrem, mas lembrava-se de que sempre havíeis querido...

COPÉRNICO *abana a cabeça maravilhado,*
assente com admiração, suspira.

RHETICUS. Disse que ficaríeis agradado. Estava certo de que assim seria. Não haveis desistido realmente, pois não, senhor? Ainda deveis estar a trabalhar nela. Acertei, senhor?

COPÉRNICO. Hum?

RHETICUS. Estava a dizer, não haveis desistido, pois não? Está apenas demorado. Não é verdade? Foi por isso que pensei que podia....

COPÉRNICO. Não. Sinto muito. Mesmo que quisesse, eu... Tenho as mãos atadas. O bispo, está a ver... Ele, hum... Temo que não haja uma maneira simpática de dizer isto, professor. O bispo expulsou os luteranos da sua diocese.

RHETICUS. Que tem isso que ver comigo?

COPÉRNICO. Quereis dizer que não sois? Luterano?

RHETICUS. Não tenciono instalar-me aqui. Só quero falar convosco, sobre o vosso trabalho.

COPÉRNICO. Nem sequer isso seria... Não.

RHETICUS. Sou matemático e não teólogo. Não lhe poderia explicar isso? Talvez nos concedesse uma... Como lhe chamais? Uma indulgência?

COPÉRNICO. Uma dispensa. Mas não. Não há a menor hipótese de tal acontecer.

RHETICUS. Oh, por favor, tentai. Podereis garantir-lhe que as nossas discussões não terão nada que ver com fé. Limitar-nos-emos estritamente à aritmética e à geometria. As asas da mente humana. Com asas como as vossas, podemos transcender as nossas diferenças religiosas. Transcender todas as diferenças religiosas. Abraão não ensinou astronomia aos Hebreus? E Moisés, outro judeu? E Deus sabe, todos aqueles astrónomos islâmicos, rezando ao seu Alá cinco vezes por dia e depois observando as estrelas durante toda a noite. Recuando mesmo até aos Egípcios, e aos Gregos! Prometeu e o roubo do fogo divino! Precisamente o crime pelo qual teve de suportar que uma águia lhe devorasse o fígado! Que significa isso, senão que Prometeu entregou, aos mortais, a luz da astronomia?

Pausa.

COPÉRNICO. Como sois jovem, professor.

RHETICUS. Não tendes medo de falar com ele, pois não?

COPÉRNICO. Eu? Sou o seu médico pessoal.

RHETICUS. Bem, nesse caso.

COPÉRNICO. Fui chamado à sua cabeceira, esta noite, depois de ele ter sido «envenenado» por um espião luterano.

RHETICUS. Não!

COPÉRNICO. Não. Não foi nada disso. Mas o facto de conhecer os aspetos íntimos da sua digestão não me dá azo a fazê-lo mudar de opinião. Em nenhum assunto.

RHETICUS. *(ajoelhando-se)* Por favor, tentai! Imploro-vos! Se o fizerdes, juro que…

COPÉRNICO. Então, professor. Tendes de parar com essas genuflexões e juras. Lembrai-vos, vós não sois católico e eu não sou padre.

RHETICUS. Não sois?

COPÉRNICO. Apenas ordens menores. Nunca fui ordenado. Mas administro, realmente, os assuntos comerciais da Igreja. Não posso albergar um herético.

Pausa.

COPÉRNICO. Perdoai-me se vos ofendi. Não pretendia desrespeitar as vossas crenças.

RHETICUS. Quereis dizer... que seria um perigo para vós?

COPÉRNICO. Sois um perigo para vós, jovem. Precipitando-vos para locais desconhecidos, batendo às portas de estranhos, gritando sobre missões e demandas.

RHETICUS. Só pretendia...

COPÉRNICO. (*pegando no saco, estendendo-o a* RHETICUS). Agora, tende cuidado nos caminhos, está bem? Olhai por vós, quando por lá andardes...

RHETICUS. Afinal, não me deixareis ficar?

COPÉRNICO. Lamento desapontar-vos.

RHETICUS. Que farei agora? Como é que alguma vez...? Oh, meu Deus!

COPÉRNICO. Se quereis realmente continuar as minhas ideias, porque não me escreveis? Após regressardes a Wittenberg, poderíeis... Não quero dizer escrever-me diretamente. Iríeis necessitar de enviar as vossas cartas através de um intermediário. Talvez Schöner acedesse a servir de... ponto de contacto entre nós. Isso agradar-me-ia.

COPÉRNICO *avança para* RHETICUS, *põe-lhe amistosamente o braço em redor dos ombros, para o amparar.*

COPÉRNICO. Agora, professor. Juntai as vossas coisas. Levai os livros, por favor. Não poderia ficar com eles, em sã consciência. Odeio mandar-vos embora assim. Mas somos vítimas destes tempos.

RHETICUS, *sombriamente, faz o que lhe é dito. Caminham juntos até à porta. Quando* COPÉRNICO *a abre, a luz do dia invade a sala.*

COPÉRNICO. Oh, pelo amor de Deus!

COPÉRNICO *fecha a porta e empurra* RHETICUS, *novamente para a sala.*

COPÉRNICO. Não podeis sair agora!

RHETICUS. Senhor?

COPÉRNICO. É demasiado tarde. Vede! Já é dia. Vou ter de… Onde…? Já sei!

COPÉRNICO *afasta um banco deixando à vista um alçapão, que se esforça, debalde, por abrir.*

RHETICUS *observa, aturdido.*

COPÉRNICO. Ajudai-me!

RHETICUS *avança e puxa pelo alçapão até ele se abrir.*

COPÉRNICO. Agora, vinde por aqui. Depressa.

Desaparecem pelo alçapão, fechando-o atrás de si.

O palco fica vazio durante um momento enquanto a luz do alvorecer se vai tornando mais clara.

Ouve-se um coro de vozes masculinas que canta as Matinas.

Alguém bate com urgência à porta da frente.

ANNA *entra, vinda de uma sala interior, vestida, a atar um avental.*

ANNA. Quem é?

Olha à sua volta, volta a pôr o banco no lugar, tenta arrumar as coisas, dirige-se à porta.

FRANZ. *(entrando)* Oh, menina ANNA! Ainda aqui estais!

FRANZ *abraça-a, como um filho faria a uma mãe, quase a chorar.*

ANNA. Que se passa, meu lindo? Qual é o problema?

FRANZ. Estais aqui. Ainda estais aqui.

ANNA. Vá lá, vá lá, então... Onde haveria de estar?

FRANZ. Não sei. Ó menina Anna, não quero que partais.

ANNA. Que deu ao meu rapazinho corajoso? Ó meu cordeirinho. Vá lá, vá lá.

FRANZ. Ele disse que tínheis de partir.

ANNA. Quem disse uma coisa dessas?

FRANZ. O bispo.

ANNA. O bispo?

FRANZ. Ouvi-o.

ANNA. Não.

FRANZ. Disse. Disse ao doutor que vos mandasse embora. Oh, por favor, não partais, menina Anna! Por favor, não vades.

Apaga-se a luz.

CENA 4. NO QUARTO DO BISPO

DOIS BISPOS

O BISPO, *na sua cama, agita-se prisioneiro de um pesadelo.*

Uma pancada na porta aumenta o terror do seu sonho, mas também o acorda, e ele grita.

GIESE. *(nos bastidores)* Sinto muito por vos incomodar…

Lentamente, o BISPO *reconhece
o que o rodeia, sai do sonho.*

GIESE. *(abrindo a porta)* É o dia do nosso jogo de xadrez, Johann. Lembrais-vos? Posso entrar?

BISPO. *(atirando as roupas da cama para trás, sentando-se)* Não.

GIESE. *(entrando)* Que se passa convosco? Ainda estais na cama?

BISPO. O rapaz deixou-vos entrar?

GIESE. Estais doente?

BISPO. Sim. Não! Mas sinto-me aturdido. Como se um cavalo me tivesse dado um coice na cabeça.

GIESE. Devíamos mandar chamar Nicolau para vos vir observar.

Entra FRANZ *com um jarro e uma bacia,
poisa-os num lavatório, sai.*

BISPO. Nicolau passou aqui toda a noite. Tive uma noite terrível. Um maldito luterano tentou envenenar-me.

GIESE. Veneno?!

BISPO. Tentou matar-me. E quase conseguiu.

GIESE. Deus nos livre.

BISPO. Agh! Pergunto-vos, Tiedemann: se não estou seguro na minha própria sala de jantar, onde estarei? Há luteranos por todo o lado. Na cozinha. Na sopa.

GIESE. Haveis capturado um suspeito?

BISPO. Já não sei quem é digno de confiança. Talvez tenha de torturar alguém para apurar a verdade.

O BISPO *levanta-se, dirige-se ao lavatório, e, ao longo do
diálogo seguinte, despe a camisa de noite e lava-se.*

GIESE. Tendes a certeza de que era veneno? Que disse Nicolau?

BISPO. Nicolau. Os seus conhecimentos podem combater um único caso de envenenamento. E Deus seja louvado por isso. Mas os seus medicamentos não podem estancar a disseminação da peste luterana. Fervilha e cresce à nossa volta. Deus sabe bem que atingiu as proporções de uma epidemia!

GIESE. Falais como um soldado, Johann.

BISPO. E vós, Tiedemann! Ficais de braços cruzados, a olhar. Não fazeis nada para conter a maré.

GIESE. Que queríeis que fizesse? Que cercasse Wittenberg?

BISPO. Ainda não haveis adotado o meu édito na vossa diocese. Pois não?

GIESE. Ora, ora, Johann.

BISPO. Nem isso fazeis.

GIESE. Sabeis o que penso de...

BISPO. Só restamos nós, Tiedemann. Vós e eu. Somos os últimos baluartes em toda a região. Todos os outros bispos, como se fossem um só, se vergaram perante aquele demónio do Lutero. Deus nos ajude, até o próprio duque se converteu. Estamos cercados. Temos de esmagar a ameaça.

GIESE. Somos homens de Deus, Johann.

BISPO. A Igreja chama-nos em sua defesa. Preciso do vosso apoio. Enquanto permitirdes que os luteranos vivam e trabalhem em Kulm...

GIESE. Os nossos luteranos de Kulm não causam quaisquer problemas. Limitam-se...

BISPO. Ouvi-me, Tiedemann. Se tivermos problemas aqui, em Varmia, tereis problemas em Kulm. Temos os mesmos problemas, vós e eu. Como é que sabeis que o meu assassino não era um dos vossos luteranos?

GIESE. Estes são agricultores. Mercadores. Mesteirais. As mesmas pessoas que viveram entre nós durante gerações, desde muito antes de...

BISPO. Traíram-nos, ao traírem a Igreja. Não os podeis deixar andar por aí com impunidade.

Giese. No vosso coração, sabeis que há um melhor caminho para a reconciliação com os nossos irmãos protestantes.

Bispo. Oh, por favor, Tiedemann! Quando ireis enfrentar os factos?

Giese. Somos todos cristãos, aos olhos de Deus.

Bispo. Estes últimos vinte anos não vos ensinaram nada? Aquele mongezinho ranhoso! Choramingou e queixou-se e... obteve um grande número de seguidores! Como é que aconteceu? Hum? Quem pensou alguma vez que alguém iria dar-lhe ouvidos? Agora, olhem para ele. Canta alguns hinos e metade do continente pensa que é a Segunda Vinda de Cristo.

O Bispo *acaba de se arranjar e atira a sua toalha como se fosse uma luva.*

Bispo. É uma abominação.

Giese. A Igreja já passou por tempestades piores, antes desta. Se formos firmes na nossa fé, e tratarmos os nossos concidadãos com compaixão...

Bispo. Quereis dizer que vos recusais a apoiar-me?

Giese. Estou a dizer que os tempos de mudança nos desafiam a encontrar novas reservas de paciência, de modo a podermos negociar pacificamente com...

Bispo. Tendes mais tolerância para com os luteranos do que para comigo.

Giese. Rezemos juntos, para que recebamos orientação. «Pai Nosso, que estais nos Céus...»

Bispo. Aposto que adoraríeis que um deles acabasse comigo. Assim, poderíeis ficar com o meu lugar e ser bispo aqui.

Giese. Não vos abandoneis a esses pensamentos sombrios, Johann. Rezai comigo: «Pai Nosso, que estais nos Céus, santificado seja o Vosso nome...»

GIESE *continua a rezar, sussurrando durante as falas do* BISPO, *falando mais alto entre elas.*

BISPO. É por isso que conservais a vossa conezia aqui, não é? Quereis ter o pé na porta, de modo que, quando eu morrer…

GIESE. «O pão nosso de cada dia nos dai hoje. Perdoai-nos as nossas ofensas, assim como nós perdoamos a quem nos tem ofendido…»

BISPO. Porque não vi antes? Por que outro motivo continuaríeis a ser cónego aqui, em Varmia?

GIESE. «Ámen».

BISPO. Devíeis renunciar à vossa conezia!

GIESE. O quê?!

BISPO: Já não tendes direito a ser cónego.

GIESE. Não sejais tonto, Johann. Tenho todo o direito.

BISPO. Quero que resigneis. Neste momento. Deveis sair de moto próprio. Não me forceis a demitir-vos.

GIESE. Não podeis obrigar-me… É uma nomeação vitalícia. Todos sabem.

BISPO. No entanto, vós podeis renunciar.

GIESE. Porque o faria? Dependo do meu rendimento da conezia.

BISPO. Agora, sois bispo de Kulm.

GIESE. Kulm é uma diocese tão pobre. Vós sabei-lo melhor do que ninguém, Johann. Quando fostes bispo de Kulm…

BISPO. Não podeis ser bispo de Kulm e cónego de Varmia, também.

GIESE. Claro que posso. Vós fostes. Quando éreis bispo de Kulm, não desististes da vossa conezia em Varmia.

BISPO. O que fiz não tem nada que ver com o que deveríeis fazer.

GIESE. Mas é exatamente a mesma situação. Continuastes a ser cónego aqui durante todo o tempo em que fostes bispo de Kulm. Se o não tivésseis feito, nunca poderíeis ter sido eleito bispo de Varmia.

BISPO. Ahah!! Reconheceis que assim é, nesse caso! Quereis ocupar o meu lugar!

GIESE. Sou mais velho do que vós, Johann! Não é provável que vos sobreviva.

BISPO. Não é provável, não. Exceto no caso da minha morte precoce.

GIESE. Não podeis acusar-me de tal traição!

BISPO. Não posso?

GIESE. É uma questão de princípio. E o rendimento, é claro. E eu... ainda pertenço a esta comunidade. Estes são os meus amigos de toda a vida. Nicolau e eu conhecemo-nos...

BISPO. Não espereis que o vosso amigo Nicolau venha em vosso socorro, neste momento. Ele próprio está em terreno escorregadio.

GIESE. Nicolau?! Ele mantém-nos vivos a todos!

BISPO. Podia excomungá-lo.

GIESE. Enlouquecestes, Johann?

BISPO. Recuso-me a continuar a fazer vista grossa enquanto aquela rameira vai e vem a seu bel-prazer.

GIESE. Estais a referir-vos à governanta?

BISPO. Governanta, rameira. Qual é a diferença? Pensais que sou o quê? Um simplório? Pensais que não reconheço uma rameira, quando a vejo?

GIESE. Mas ele ensinou-a, Johann. Quanto às ervas e... Ervas medicinais, quero eu dizer. Ela faz... remédios. Ela...

BISPO. Não fazia a menor ideia de que gostáveis tanto dela, Tiedemann. Porque é que não a levais para casa convosco? Isso resolveria tudo. A rameira parte. Nicolau é absolvido. E vós limitais-vos a ficar feliz, em casa, em Kulm, com os vossos luteranos e a vossa nova concubina.

Apaga-se a luz. O coro canta as Laudes.

CENA 5. SALA DA TORRE

MÁQUINA DO MUNDO

As luzes fracas mostram que o quarto da torre é pequeno e pouco mobilado, poeirento devido à falta de uso, quase assustador, com janelas minúsculas e uma porta baixa. Entre os móveis, contam-se uma mesa e uma cadeira, um catre e a Máquina do Mundo, uma série de anéis que se intercetam, semelhante a um globo, mais ou menos do tamanho da cápsula de uma nave espacial tripulada, colocada sobre um pedestal.

RHETICUS. *(nos bastidores)* Aonde me levais, senhor?
COPÉRNICO. *(nos bastidores)* Só mais um pouco.
RHETICUS. *(nos bastidores)* Mas onde…?
COPÉRNICO. *(nos bastidores)* Estamos quase lá… Ah!

COPÉRNICO *entra, ofegante, com uma lanterna.*

COPÉRNICO. Cá estamos.

RHETICUS *segue-o, fica perto.*

COPÉRNICO. Podeis ficar aqui.
RHETICUS. Aqui?
COPÉRNICO. É aqui.
RHETICUS. Que lugar é este?
COPÉRNICO. Aqui ficareis em segurança.
RHETICUS. É o vosso observatório?
COPÉRNICO. Isto? Não.
RHETICUS. Não é uma cela de prisão, pois não?

COPÉRNICO. Oh, não. É um refúgio. Um local seguro. Todos temos salas como esta. Quando há perigo, exterior, vimos para cá, e… e ficamos aqui até… até podermos sair em segurança.

RHETICUS. Esperais mesmo que fique aqui?

COPÉRNICO. Ninguém pensará em procurar aqui, agora. Em tempo de paz.

RHETICUS. Durante quanto tempo?

COPÉRNICO. Apenas até hoje à noite.

RHETICUS. Todo o dia?!

COPÉRNICO. Após o sol-posto, podeis partir. Mal escureça, virei buscar-vos.

RHETICUS. Não ficais comigo?

COPÉRNICO. Não.

RHETICUS. Mas agora temos o dia todo.

COPÉRNICO. Não posso ficar convosco. Tenho de…

RHETICUS. Oh, por favor. Ficai e aproveitai este dia comigo. Vede como Deus arranjou, afinal, um período de tempo para nós. Esta é a nossa oportunidade de falarmos. Um matemático com outro. Eu…

RHETICUS *vê a Máquina.*

RHETICUS. Que é aquilo?

COPÉRNICO. Aquilo?

RHETICUS. Que é?

COPÉRNICO. Apenas… uma coisa que eu fiz.

RHETICUS. Construíste-la?

COPÉRNICO. Há muito tempo.

RHETICUS. Mas o que é? Um instrumento de observação?

COPÉRNICO. Não. Não, é… mais um modelo, na verdade.

RHETICUS. Como uma esfera armilar?

COPÉRNICO. Poderia dizer-se.

RHETICUS. Só que maior.

COPÉRNICO. Sim.

RHETICUS. Muito maior.

COPÉRNICO. Já não a uso.

RHETICUS. Porquê tão grande?

COPÉRNICO. Bem, a pessoa que está lá dentro precisa de espaço para…

RHETICUS. Há uma pessoa lá dentro?

COPÉRNICO. Agora, não.

RHETICUS. Não. Mas uma pessoa podia…?

COPÉRNICO. Sim. A pessoa tem de estar sentada lá dentro, para captar o efeito.

RHETICUS. E que efeito seria esse? Lá dentro?

COPÉRNICO. A sensação das… consequências, realmente, da minha teoria.

RHETICUS. Então, estivestes sentado lá dentro, enquanto imagináveis como…?

COPÉRNICO. Não. Fiquei de pé lá dentro, para a pôr a funcionar.

RHETICUS. Havia mais alguém lá dentro?

COPÉRNICO. Sim.

RHETICUS. Então tivestes um aluno? Antes de mim?

COPÉRNICO. Não.

RHETICUS. Então, porque…?

COPÉRNICO. Não, fi-la para a minha… para um amigo. Alguém que não podia compreender os conceitos matemáticos. Que precisava de uma forma de… visualizar as esferas.

RHETICUS. Não há dúvida de que vos esforçastes muito.

COPÉRNICO. Acho que sim.

RHETICUS. Para o vosso amigo.

COPÉRNICO. Sim. Muito bem. Esperai aqui, e…

RHETICUS. Posso experimentar?

COPÉRNICO. Não, penso que não.

RHETICUS. Gostaria muito de ver o que faz.

COPÉRNICO. Há anos que ninguém a usa. Duvido de que ainda funcione.

RHETICUS. Experimentemos, e logo veremos.

COPÉRNICO. Não é preciso. Se existe alguém que pode acompanhar a matemática, sois vós.

RHETICUS *mexe na Máquina, procurando uma entrada.*

RHETICUS. Tinha esperança de ler a vossa obra, senhor. Não sabia que podia andar nela.

COPÉRNICO. Não toqueis nisso.

RHETICUS. Como entro?

COPÉRNICO. Não é aí. Não, não é assim.

RHETICUS. Mostrai-me, então, Por favor.

COPÉRNICO. Soltai isso. É aqui. Entra-se por aqui.

RHETICUS *experimenta, mas tem dificuldade em entrar.*

RHETICUS. É muito menor do que parece. Mal há espaço para.... O vosso amigo deveria ter metade do meu tamanho.

COPÉRNICO. Talvez não devêsseis...

RHETICUS. Tudo bem. Estou cá dentro.

COPÉRNICO *fecha a portinhola.*

As luzes apagam-se de súbito.

RHETICUS. Oh, meu Deus! Que aconteceu?

COPÉRNICO. Vai levar um momento até...

Acendem-se umas luzes muito fracas, suficientes apenas para mostrarem RHETICUS *dentro da Máquina.*

RHETICUS. Aqui, está escuro como breu. Não consigo ver um palmo à frente do nariz.

COPÉRNICO. Estou a iluminá-la agora... Só mais um momento...

RHETICUS. E abafado, também. Mal consigo respirar.

COPÉRNICO. Aí está!

Aparecem luzinhas tremeluzentes de estrelas,
como num planetário.

RHETICUS. Que raio…?

COPÉRNICO. Vedes alguma coisa?

RHETICUS. Oh, meu Deus!

COPÉRNICO. Vedes?

RHETICUS. Oh, meu Deus. É… Há estrelas em todo o lado. A toda a volta. Como fizestes isto?

COPÉRNICO. Agora, faço-vos girar.

RHETICUS. O quê?

COPÉRNICO. Disse que agora vou fazer-vos girar.

RHETICUS. Não consigo ouvir-vos.

COPÉRNICO. *(gemendo devido ao esforço, resmungando)* Gira. Tenho de rodar… ai…

RHETICUS. Oh, girar. Foi isso que dissestes?

COPÉRNICO. Ai… Está presa… Esperai…

RHETICUS. Há alguma coisa que deva fazer?

COPÉRNICO. Não… Ai… Ah, aí vai ela!

RHETICUS *gira no seu assento. Continua a rodar lentamente*
durante o próximo diálogo.

RHETICUS. Meu Deus! Que está a acontecer? Oh, isto é… Isto é incrível.

COPÉRNICO. Vedes? O que faz?

RHETICUS. Oh, senhor! Haveis reproduzido a noite. O efeito é… É tão belo. Tão… Oh, vede! As constelações do zodíaco.

COPÉRNICO. O que há que procurar….

RHETICUS. Estão ali o Carneiro, o Touro…

O assento de RHETICUS *dá uma guinada.*

RHETICUS. Uau! Que foi isso?

O assento acelera.

RHETICUS. Oh!

COPÉRNICO. Desculpai.

RHETICUS. Caramba!

COPÉRNICO. Soltou-se uma coisa. Estou a tentar…

O assento de RHETICUS *abranda.*

RHETICUS. Uau!

COPÉRNICO. Desculpai. Disse-vos que a máquina era…

RHETICUS. Oh, por favor, continuai.

COPÉRNICO. Temo não conseguir manter isto durante muito mais tempo.

O assento de RHETICUS *abranda ainda mais.*

COPÉRNICO. Já não sou tão forte como dantes.

O assento de RHETICUS *abranda até parar.*
Voltam as luzes de cena.

COPÉRNICO. É melhor que saiais.

RHETICUS. *(emergindo da Máquina, a cambalear)* Oh, caramba. Foi…

COPÉRNICO. Parai, aí!

RHETICUS. Ainda estou a ver estrelas.

COPÉRNICO. Deixai que os vossos olhos se habituem à luz.

RHETICUS. Oooh.

COPÉRNICO. Então?

RHETICUS. Obrigado, senhor.

COPÉRNICO. Achaste-la convincente?

RHETICUS. Convincente?

COPÉRNICO. Achastes?

RHETICUS. Convincente em relação a quê, senhor?

COPÉRNICO. Ao movimento.

RHETICUS. Oh, sem a menor dúvida.

COPÉRNICO. Bem. E então?

RHETICUS. Todas as estrelas se moviam. Podia vê-las rodar e rodar.

COPÉRNICO. Não, as estrelas não…

RHETICUS. Foi fantástico.

COPÉRNICO. Éreis vós que rodáveis. Não as estrelas.

RHETICUS. Não, eu vi as… As estrelas rodavam à minha volta.

COPÉRNICO. Vós rodáveis. Naquele pequeno assento. É a única parte que se move.

RHETICUS. Mas não o senti mover-se.

COPÉRNICO. Nem deveríeis sentir.

RHETICUS. Não?

COPÉRNICO. Não. É apenas isso. Pensais que as estrelas estão a girar mas, na verdade, sois vós que girais. Bem, na verdade sou eu a fazer-vos girar. E a partir do momento em que compreendeis que sois vós que rodais, fazeis essa mudança de perceção. Estais a ver?

RHETICUS. Não tenho a certeza. Não.

COPÉRNICO. A máquina dá-vos uma avaliação física. Em relação à rotação da Terra…. Sabeis: como a Terra, pela sua rotação, faz que as estrelas pareçam girar à nossa volta. E os planetas, também. Tentei incluir os efeitos planetários… as estações e retrógrados… mas tive dificuldade em os alinhar.

RHETICUS. Quereis dizer…?

COPÉRNICO. Penso que essas peças ainda devem andar por aqui, algures…

RHETICUS. Oh, não!

COPÉRNICO. O quê?

RHETICUS. Quereis dizer, quereis dizer, realmente, que a Terra gira?

COPÉRNICO. Vós sabíeis que assim era.

RHETICUS. Mas… girar mesmo?

COPÉRNICO. Que pensáveis?

RHETICUS. Não pensava que quisésseis dizer girar… fisicamente.

COPÉRNICO. De que outra forma giraria, se não fosse fisicamente?

RHETICUS. Giraria... teoricamente. Sabeis. De uma forma hipotética. No papel. Para...

COPÉRNICO. Não.

RHETICUS. Teoricamente. Matematicamente. Mas não...

COPÉRNICO. Não, o movimento é real. Claro que é.

RHETICUS. Oh, meu Deus.

COPÉRNICO. Pensava que compreendíeis o meu trabalho.

RHETICUS. Eu...

COPÉRNICO. Schöner não vo-lo explicou?

RHETICUS. Ele, hum... Eu...

COPÉRNICO. Que vos disse ele?

RHETICUS. Acho que ele não o vê exatamente da mesma forma que vós, senhor.

COPÉRNICO. Como é que isso...?

RHETICUS. Ele não fez a menor referência a um movimento real.

COPÉRNICO. Tendes a certeza?

RHETICUS. Tudo o que disse foi... Não, não disse nada sobre...

COPÉRNICO. Quereis dizer, ele também não o compreende?

RHETICUS. Penso que o deve ter interpretado... literalmente.

Pausa.

RHETICUS. Porque o faria?

COPÉRNICO. Porquê?!

RHETICUS. Porque se precipitaria para essa conclusão?

COPÉRNICO. Oh, meu Deus!

RHETICUS. Francamente, senhor, acho que ninguém compreende exatamente o que tendes em mente.

COPÉRNICO. Que poderão pensar que estive a fazer durante todos estes anos?

RHETICUS. Mesmo só isso... usar a ideia como base para novos cálculos, seria... Mas, afirmar que o movimento é uma realidade?!

COPÉRNICO. Sim.

RHETICUS. Estou... espantado. Eu... Vede! Vós e eu. Estamos de pé aqui. A Terra...

RHETICUS *bate diversas vezes com o pé no chão para mostrar o que afirma.*

RHETICUS. Não se move.

Pausa.

COPÉRNICO. Sim, move-se.

RHETICUS. Credes, realmente, que a Terra está... a rodar?

COPÉRNICO. Não é uma questão de crença, professor. Sei que roda.

Começa um repique de sinos que continua durante o diálogo seguinte.

RHETICUS. Que quereis dizer quando afirmais que «sabeis»?

COPÉRNICO. Quero dizer que as provas me convenceram.

RHETICUS. Que provas?

COPÉRNICO. *(ouvindo os sinos)* Meu Deus, as horas!

RHETICUS. Quereis dizer que a Terra deixa uma espécie de esteira atrás de si? Como um barco?

COPÉRNICO. Desculpai-me. Tenho de vos deixar, agora.

RHETICUS. Não, esperai um minuto.

COPÉRNICO. Tendes de me perdoar. Volto logo à noite.

RHETICUS. Esperai!

COPÉRNICO. Estão à minha espera na...

RHETICUS. Só porque faço algumas perguntas? Virais-me as costas?

COPÉRNICO. Não ouvis os sinos? É a chamada para a missa. Se não for visto na catedral, então.

COPÉRNICO *sai.*

RHETICUS. Esperai!

Os sinos continuam, mais alto.

RHETICUS *olha para a porta, sem poder acreditar no que ouviu, e também furioso e com medo. Contempla a Máquina, agarra-a e abana-a.*

Apaga-se a luz. O repique dá lugar às badaladas da hora: meio-dia.

CENA 6. NA CASA DE COPÉRNICO

DOENÇA

Cerca de duas horas depois, GIESE *entra na casa.*

GIESE. Olá? Nicolau? Estás cá?

ANNA. *(nos bastidores)* Mikoj? Oh, graças a Deus. Tenho estado tão preocupada com tudo isto… *(entrando)* Oh! Oh, perdoai-me, reverendo padre.

GIESE. Ele não está cá?

ANNA. Não, Reverência.

GIESE. Deveria ter-me encontrado com ele depois da missa.

ANNA. Ele não foi à missa?

GIESE. É claro que foi à missa.

ANNA. Sim, é claro.

GIESE. E agora?

ANNA *inclina a cabeça para esconder o rosto.*

GIESE. Compreendo. Que tempo difícil deve ser para ti.

ANNA. Reverência, eu... Posso fazer-vos uma confidência?

GIESE. Queres fazer uma confissão?

ANNA. Não, apenas... apenas comunicar-vos algo. Um segredo. Como bom e leal amigo desta casa.

GIESE. Não precisas de me dizer nada.

ANNA. Ontem à noite, eu...

GIESE. Vá lá, vá lá, não deves atirar as culpas todas para cima de ti. Essas situações nunca são unilaterais. Eu sei. Para ser franco, sinto que sou parcialmente responsável. Soube disso desde sempre. E, no entanto, não disse nada. Como amigo de Nicolau, devia tê-lo aconselhado. Poderia tê-lo salvado desta... desta ameaça ridícula. Mas não te atormentes. Nada de mau lhe acontecerá se fordes corajosos e fizerdes o que se espera de vós. Diz-me, tens família que pudesse tomar conta de ti?

Pausa.

GIESE. Ou uma amiga, talvez? Algum lugar onde conheças pessoas, onde te sentisses bem-vinda?

Um ruído abafado vem de debaixo do soalho, no alçapão, e algo bate contra ele, de baixo para cima.

ANNA *salta, grita assustada.*

GIESE. O que foi isso?

Ouve-se outra pancada no alçapão.

COPÉRNICO *(nos bastidores; ofegante; sussurrando)* Anna?

GIESE. Meu Deus!

COPÉRNICO *está a tentar abrir o alçapão, lá debaixo.*

GIESE. Está alguém na passagem.

COPÉRNICO. *(nos bastidores)* Tiedemann? És tu? Deixa-me subir.

GIESE *arreda o banco, levanta o alçapão com grande dificuldade, enquanto* COPÉRNICO *o empurra debaixo.*

COPÉRNICO, *ofegante, arrasta o corpo inconsciente de* RHETICUS.

ANNA *grita e, depois, recompõe-se e avança para ajudar. Os três puxam* RHETICUS *para a sala.* ANNA *põe-lhe o xale sob a cabeça, toca-lhe no rosto.*

ANNA. Está a arder em febre.

COPÉRNICO, *exausto devido ao esforço, senta-se no chão perto de* RHETICUS.

RHETICUS *treme com arrepios, geme.*

GIESE. Quem é este?
ANNA. Vou buscar uns cobertores.
COPÉRNICO. E casca de salgueiro.
ANNA. *(saindo)* Eu sei.
GIESE. Pobre homem. Que se passa com ele?

COPÉRNICO *continua ofegante.*

GIESE. Oh, não tem importância. Podes dizer-me mais tarde. Mas que estavas a fazer lá, Nicolau?
COPÉRNICO. (*apertando a mão de* GIESE). Ainda bem que…
GIESE. Eu sei. Não te vou fazer mais perguntas agora… Meu Deus, não vou lá acima desde…

Pausa.

ANNA. *(voltando com cobertores, água)* Porque não o deixaste na torre?
COPÉRNICO. Demasiado doente.

COPÉRNICO *ergue a cabeça de* RHETICUS, *deixa-lhe cair algumas gotas de remédio na boca.*

GIESE. Que tem ele?

COPÉRNICO. Sezões. Exposição ao frio. Só Deus sabe onde dormiu em semanas de viagem.

GIESE. Donde veio?

ANNA. As roupas estão ensopadas de suor.

COPÉRNICO. É melhor que lhas tiremos.

ANNA *e* COPÉRNICO *despem* RHETICUS, *envolvem-no em cobertores, ao longo do diálogo seguinte.*

RHETICUS *agita-se com arrepios, geme, luta com eles, delirante.*

ANNA. Como explicarás isto…?

COPÉRNICO. Pensarei em alguma coisa.

ANNA. Nunca o devias ter deixado entrar nesta casa.

GIESE. Que se passa aqui?

COPÉRNICO. Direi que regressava a casa, vindo de casa do bispo, a altas horas da noite, e o encontrei deitado à porta de minha casa.

ANNA. Não podes dizer que…

COPÉRNICO. Isso é verdade. Estava doente. Como podia deixá-lo ali, fraco e doente?

GIESE. Arrastaste-o para casa? E até ao cimo da torre? E depois trouxeste-o de volta da…?

COPÉRNICO. Não, Tiedemann. Ele entrou em casa pelo seu pé. E depois…Tinha de… Mas, na verdade, encontrei-o ali deitado. E, por isso, mandei-o entrar.

ANNA. Um perfeito desconhecido?

COPÉRNICO. Era o que, cristãmente, devia fazer.

ANNA *abana a cabeça, continua a cuidar de* RHETICUS.

GIESE. Eu teria feito o mesmo. Mas ele está muito melhor aqui, contigo. Teve uma grande sorte por a Providência o ter conduzido até à tua porta, Nicolau.

COPÉRNICO. É isso! Foi a Providência que o trouxe. Para que pudesse cuidar dele nesta hora de provação.

ANNA. Mas, um luterano?

GIESE. O quê?

COPÉRNICO. Como poderia saber? Estava inconsciente.

GIESE. É um luterano?

COPÉRNICO. Mais tarde, começou a delirar. Era impossível apercebermo-nos do sentido do que dizia. Ainda não fazemos a menor ideia de quem seja. Nem de onde veio. Roubaram-lhe todos os documentos. Ladrões. Salteadores de estrada.

ANNA. Porque estás a protegê-lo?

COPÉRNICO. Anna, por favor. Faz-lhe uma cama na despensa. Não se pode fazer mais nada até a febre dele descer.

ANNA, *ainda com um ar de desaprovação,*
dirige-se à despensa, tal como lhe foi dito.

COPÉRNICO *senta-se, com a cabeça entre as mãos.*

GIESE *vai ter com ele, dá-lhe palmadinhas*
nos ombros e esfrega-lhos.

GIESE. Muito bem, meu amigo. Agora, desde o princípio. Quem é esse prodígio entre nós?

COPÉRNICO. Entre todos os momentos em que alguém como ele... Alguém com os seus talentos... Porquê agora? Agh! Se ao menos tivesse vindo ter comigo há vinte anos.

GIESE. A julgar pelo seu aspeto, há vinte anos ainda andava de cueiros.

COPÉRNICO. Na altura, também não teria feito diferença. As minhas ideias são demasiado perturbadoras para verem a luz do dia.

Pausa.

GIESE. Veio ter contigo por causa disso?
COPÉRNICO. Foi o que disse.
GIESE. E então?
COPÉRNICO. Nada. Não interessa. De qualquer modo, não compreendeu realmente nada das minhas ideias.
GIESE. Mas viajou até cá? Para se encontrar contigo?
COPÉRNICO. Incrível, não é?
GIESE. De onde veio?
COPÉRNICO. Não acreditarias se te dissesse.
GIESE. Que disse?
COPÉRNICO. Fez esta longa viagem. Com cartas de... Tinha uma carta de apresentação de Schöner.
GIESE. Schöner de Nuremberga?
COPÉRNICO. E também de Hartmann. E uma pilha de livros que queria dar-me. Ptolomeu no original grego. Podes imaginar? E isto. Olha para isto.

COPÉRNICO *entrega as anotações a* GIESE.

GIESE. Que é isto?
COPÉRNICO. Tu e eu nunca vimos Mercúrio num ângulo de alongamento ocidental como esse. Nada que se aproximasse sequer desses valores.
ANNA. *(regressando)* Está pronta.

Agarram os três em RHETICUS
e transportam-no/arrastam-no para a despensa.

FRANZ *entra, sem que os outros se apercebam, e fica no palco.*

COPÉRNICO *e* GIESE *regressam.*

COPÉRNICO. Há quanto tempo estás aqui, rapaz?

FRANZ. Eu... Sua Reverência mandou-me, doutor.

COPÉRNICO. Viste...?

FRANZ. Sua Reverência deseja que o bispo Giese venha ter com ele aos seus aposentos para testemunhar a assinatura do édito.

COPÉRNICO (*para* GIESE) Ele foi avante e fê-lo? Já?

GIESE *lança um último olhar, de apreciação, às observações.*

GIESE. Uma coisa é certa, Nicolau. Não há dúvida de que Deus age de formas misteriosas.

GIESE *devolve as anotações a* COPÉRNICO
e sai com FRANZ.

ANNA *regressa.*

COPÉRNICO. O rapaz do bispo esteve aqui.

ANNA. Outra vez?

COPÉRNICO. Pensas que viu alguma coisa?

ANNA. Que foi que ele ouviu, Mikoj? Entre ti e o bispo?

COPÉRNICO. Ele falou-te nisso?

ANNA. Então, é verdade? *(correndo para os seus braços)* Oh, Mikoj!

COPÉRNICO. *(abraçando-a)* Ontem à noite, ele estava esgotado. Doente e cheio de medo. Vai esquecer-se de nós.

ANNA. O bispo Giese disse-me qualquer coisa sobre...

COPÉRNICO. Não, não. Cala-te.

ANNA. Sim, disse. Perguntou-me para onde ia. E se tinha família que pudesse receber-me.

COPÉRNICO. Não te preocupes, minha querida.

ANNA. Oh, Mikoj!

COPÉRNICO. Não deixarei que te aconteça nada.

ANNA. Ele não pode, realmente, obrigar-te a mandar-me embora? Pois não?
COPÉRNICO. Primeiro, terá de me matar.

Beijam-se, continuam abraçados.

ANNA. Não me vou embora. Não te deixarei, Mikoj.
COPÉRNICO. Não permitirei que o faças.

RHETICUS *grita, na outra sala.*

COPÉRNICO *e* ANNA *viram-se, começam a andar na sua direção, mas ele cala-se e, por isso, ficam onde estão, agarrados um ao outro.*

Apaga-se a luz.

CENA 7. NO SALÃO DO BISPO

ALEGAÇÕES DE DEFESA

O BISPO *está sentado à secretária e assina e sela o édito.* FRANZ *está de pé, atrás dele,* GIESE *à sua frente.*

BISPO. Limitou-se a recolhê-lo? Sem saber sequer a sua identidade?
GIESE. Nicolau é assim. Se vê uma pessoa doente, limita-se a agir.
BISPO. Mas esse homem podia ser um espião, até onde lhe é dado saber.
GIESE. Não, é um matemático.
BISPO. Pensei que havíeis dito que ninguém sabia nada sobre ele.
GIESE. Precisamente. Não tinha documentos. Mas tinha vários livros. No seu saco de viagem.

BISPO. Livros num saco não provam a profissão de uma pessoa.

GIESE. Eram manuais grandes, sobre matemática. Os assaltantes não os levaram.

BISPO. Não é de admirar.

GIESE. Penso que ele veio cá com uma finalidade, Johann. Expressamente para abalar Nicolau em relação à sua teoria. Para o fazer sair da sua paralisia.

BISPO. E se o fizesse? Que acontecia?

GIESE. Pensai no que significaria, Johann. Sabeis que sempre disse que, um dia, Nicolau traria a glória a Varmia através do seu trabalho matemático.

BISPO. É uma ideia estouvada, aquela teoria dele. Pensei que faria melhor em a pôr de lado.

GIESE. Deveria ser incentivado a recomeçar a trabalhar nela.

BISPO. Devia deixá-la sossegada. É uma ideia perigosa.

GIESE. É controversa, concordo, mas...

BISPO. Pode inclusive ser herética.

GIESE. Oh, não, Johann.

BISPO. Então, é uma fonte de ridículo. Devíeis ter ouvido o que costumavam dizer sobre ele, na corte. Como confundia a Terra com uma peça de carne. Por isso, punha-a num espeto e tentava assá-la ao fogo do Sol.

GIESE. As suas ideias transcendem a compreensão das mentes vulgares, como a vossa e a minha.

BISPO. Até mesmo os matemáticos têm senso comum, Tiedemann. Ora bem. Parai de mudar de assunto. E acrescentai o vosso nome a este documento. Fá-lo-eis? Ficareis a meu lado para proteger Varmia? E Kulm. E o resto da nossa província, e a Polónia, e o mundo, de um perigo real e atual?!

GIESE. Não posso apoiar o castigo de pessoas inocentes.

Pausa.

BISPO. Já escrevi a minha recomendação ao administrador do capítulo, exigindo que vos seja retirada a vossa conezia. Tenho-a precisamente aqui, aguardando apenas a minha assinatura e selo. Assinai o édito, Tiedemann, e eu rasgarei a carta.

GIESE. Agora, tenho de regressar a Kulm.

BISPO. Assinai-a, raios!

GIESE. Tenho preparativos a fazer, para receber os meus convidados. Convidei Nicolau a trazer o seu infeliz visitante para Kulm, mal o jovem esteja suficientemente bem para viajar.

BISPO. Quanto antes sair daqui, melhor.

GIESE. E a enfermeira, para tomar conta dele até estar totalmente…

BISPO. Bons ventos a levem.

GIESE. E Nicolau, claro.

BISPO. Nicolau não vai a parte alguma.

GIESE. Ele vai agarrar, com unhas e dentes, a oportunidade de trocar ideias com outro matemático.

BISPO. Podeis ficar com o forasteiro. Mas não permitirei que leveis Nicolau para tão longe.

GIESE. Como irei gostar de os ouvir discutir as deambulações dos planetas através do céu visível, enquanto cuido do invisível.

BISPO. Preciso dele aqui, comigo. Ele pertence-me.

Apaga-se a luz.

CENA 8. NA CASA DE COPÉRNICO

ASTROLOGIA

COPÉRNICO *e* ANNA *continuam abraçados, como antes; sobressaltam-se quando...*

RHETICUS *entra a cambalear, embrulhado num cobertor.*

ANNA. Meu Deus!
RHETICUS. Que aconteceu? Porque não me dissestes?
COPÉRNICO. Que...?
RHETICUS. Agora, está escuro. Não vedes? Está escuro!

RHETICUS *tropeça, começa a cair.*

ANNA *e* COPÉRNICO *agarram-no, sentam-no.*

COPÉRNICO. Traz-lhe um pouco daquele caldo.

ANNA *sai.*

RHETICUS. Prometestes dizer-me quando escurecesse.
COPÉRNICO. Estais doente. Recordais-vos? Não ides a parte alguma, hoje.
RHETICUS. Onde estão as minhas roupas?
COPÉRNICO. *(tirando a sotaina, envolvendo* RHETICUS *com ela)* Ainda estais fraco. Precisais de...
RHETICUS. Não posso ficar aqui.

RHETICUS *tenta levantar-se, cai de novo na cadeira.*

COPÉRNICO. Dentro de um ou dois dias, estareis mais forte. Depois, podereis fazer o que quiserdes. Mas, por agora, estais sob os meus cuidados.

RHETICUS. Esta é a vossa casa. Estivemos nesta sala.

ANNA *entra, com uma chávena.*

COPÉRNICO. Tomai, bebei isto.

RHETICUS. Mas não é onde... Fomos a outro lugar para...

COPÉRNICO. Vá, bebei. Far-vos-á bem.

ANNA *dirige-se à sala onde* RHETICUS *estava a descansar.*

RHETICUS. Haveis-me metido naquela... máquina.

COPÉRNICO. Agora, bebei isto. Está cheio de remédio.

RHETICUS. *(pegando na chávena e, depois, deixando-a cair)* Oh, *não*!

COPÉRNICO. Está tudo bem. Há mais lá dentro.

ANNA. (*regressando, com as roupas de* RHETICUS) As suas roupas ainda estão molhadas.

COPÉRNICO. Por favor, faz um pouco mais de caldo para ele.

ANNA. *(saindo)* Vou dependurá-las perto do fogão da cozinha.

RHETICUS. Agora lembro-me. Oh, não. Oh, não, não, não.

COPÉRNICO. Deveis ter estado a sonhar.

RHETICUS. Pensei que me salvaríeis.

COPÉRNICO. Por vezes, a febre provoca sonhos muito vívidos e assustadores.

RHETICUS. Vós! Pensei que poderíeis ajudar-me.

COPÉRNICO. Fiz tudo o que sei para...

RHETICUS. Que farei agora?

COPÉRNICO. Ficareis ótimo.

RHETICUS. Que vai ser de mim?

COPÉRNICO. Como novo, vereis.

RHETICUS. Vim até cá de boa-fé....

COPÉRNICO. Sim, sim. Eu sei.

RHETICUS. E que encontro? Um louco! Um velho delirante... um... um... recluso! Obcecado com uma ideia louca.

COPÉRNICO. Então? Controlai-vos.

RHETICUS. *(pondo-se de pé com um salto, agora mais forte)* Onde estão as minhas roupas? Onde está o meu saco?

COPÉRNICO. Agora não precisais de nada disso.

RHETICUS. Os meus horóscopos estão lá.

COPÉRNICO. Não preciso de ver o vosso horóscopo. Sei como tratar os vossos sintomas sem isso.

RHETICUS. Não compreendeis. Onde está aquele saco?

COPÉRNICO. Acalmai-vos.

ANNA. *(regressando com outra chávena)* Deves ter deixado as coisas dele na torre.

COPÉRNICO. Por agora, podem esperar lá. Tomai.

RHETICUS *resiste, mas depois fica novamente mais fraco, bebe o caldo.*

ANNA. Penso que precisamos todos de comer qualquer coisa.

ANNA *sai.*

RHETICUS. Conheço-o de cor. Posso recitar aquilo tudo sem olhar para ele.

COPÉRNICO. Que podeis recitar?

RHETICUS. Cada casa, cada aspeto, cada conjunção e oposição. Cada indicador de desgraça.

COPÉRNICO. Não me digais que acreditais nisso?

RHETICUS. Não me parece que tenha outra hipótese.

COPÉRNICO. Deveríeis ser mais sensato….

RHETICUS. Se, ao menos, pudesse esquecer o que sei.

COPÉRNICO. *(um pouco sarcástico)* Nesse caso, alterai-o. Se não gostais daquilo que o vosso horóscopo prenuncia, podeis, pura e simplesmente, reformulá-lo. Não é verdade? Tornai a repartir as casas, ou ajustai a pretensa data de nascimento, e... fazei que diga algo diferente. Algo melhor. O que quiserdes.

RHETICUS. *(muito sério)* Tentei isso. Tentei todas essas coisas. E o resultado é sempre igual.

COPÉRNICO. Sinto muito, professor. Não posso ajudar-vos em relação ao vosso horóscopo.

RHETICUS. E afirmais ser um matemático?

COPÉRNICO. Por quem me tomais? Por um adivinho?

RHETICUS. Os destinos de impérios dependem das posições dos planetas.

COPÉRNICO. Não, professor. Os destinos dos impérios dependem das posições dos exércitos nos campos de batalha. E não dos planetas no céu. O céu não se imiscui nos assuntos humanos.

RHETICUS. Não compreendeis.

COPÉRNICO. O destino de um homem está nas mãos de Deus.

RHETICUS. Dizei isso ao vosso papa! Não sabeis que levou o seu astrólogo preferido para Roma?

COPÉRNICO. O vosso Lutero não condena todas essas práticas?

RHETICUS. Já vos disse, ele não sabe nada de matemática.

COPÉRNICO. Foi isso que viestes procurar aqui? Um novo truque para elaborar o vosso horóscopo?

RHETICUS. Não só o meu! O vosso. O de Schöner. O de toda a gente! Guerras. Inundações. Pestes. Todas as previsões mundiais para o próximo ano. Para os anos vindouros! Era o que via como o fruto do vosso trabalho. A longa marcha da história. O aparecimento de Lutero. A queda do Islão. A Segunda Vinda de Nosso Senhor Jesus Cristo!

COPÉRNICO. Dou-vos a verdadeira ordem dos planetas. O funcionamento de toda a maquinaria celeste, depois de removidas todas as imperfeições anteriores. Mas tudo isso é inútil para vós, a não ser que proporcione desculpas para todas as mais insignificantes imperfeições humanas.

RHETICUS. Pensais que vos podeis limitar a fazer girar a Terra através do céu como uma... como uma... como... Oh, meu Deus. Esperai um pouco. Se a Terra se movesse... então... Se a Terra se movesse através do céu...

COPÉRNICO. Ela move-se, realmente.

RHETICUS. Se a Terra se movesse entre os planetas, então aproximar-se-ia deles e afastar-se-ia deles, e talvez até... Fá-lo-ia! Se tal acontecesse, aumentaria o efeito de cada influência planetária.

COPÉRNICO. Não.

RHETICUS. Isso teria de acontecer, como uma consequência natural. Um aumento da influência que cada planeta exercia sobre o indivíduo...

COPÉRNICO. Uma coisa não tem nada que ver com a outra.

RHETICUS. Como podeis ter a certeza? Procurastes esses efeitos?

COPÉRNICO. Não.

RHETICUS. Nem sequer na vossa própria carta? Seria tão fácil fazê-lo. Comparar, digamos, Marte em oposição a Marte em conjunção solar, e depois...

COPÉRNICO. Não!

RHETICUS. Isto é melhor do que esperava. Melhor do que alguma vez sonhei! Pensai no que significa! Isto podia, verdadeiramente, dissipar toda a névoa de absurdo que paira sobre a vossa teoria.

COPÉRNICO. Se quereis conhecer o futuro, deveríeis ir abater uma cabra e observar as suas entranhas. E deixar os planetas fora das vossas predições.

RHETICUS. Penso que existe realmente algo nisso. Digamos, só neste momento, por uma questão académica, que a Terra... gira. Quão depressa teria...? Tem de rodar muito rapidamente, não é? Para que a rotação provoque o dia e a noite?

COPÉRNICO. É rápida, sim.

RHETICUS. Quão rápida?

COPÉRNICO. Fazei vós o cálculo matemático.

RHETICUS. Muito bem. A circunferência da Terra é... O quê? Vinte mil milhas?

COPÉRNICO. Vinte e quatro.

RHETICUS. Vinte e quatro mil, certo. E tem de fazer uma rotação completa a cada... vinte e quatro horas.

COPÉRNICO. Não é um cálculo muito difícil, pois não?

RHETICUS. Meu Deus! Mil milhas por hora?

COPÉRNICO. É o que deve ser.

RHETICUS. Mas não pode ser. Senti-la-íamos.

COPÉRNICO. Não. Não a sentimos.

RHETICUS. Não a sentimos porque não rodamos realmente.

COPÉRNICO. Não a sentimos porque nos deslocamos juntamente com ela. Como quando se anda a cavalo.

RHETICUS. Quando ando a cavalo, sinto-o.

COPÉRNICO. Num navio, nesse caso. A navegar num mar calmo. Deslocas-te na direção do vento, mas não tens a menor sensação de que estás a deslocar-te.

RHETICUS. Sim, tenho. Vejo a costa a afastar-se. Sinto a brisa no rosto.

COPÉRNICO. Ide para dentro do camarote, nesse caso.

RHETICUS. *(de novo cabisbaixo)* Não vai funcionar. É demasiado... É... Se a Terra girasse tão rapidamente como afirmais, haveria um vendaval, como o vento de Deus, a uivar e a soprar contra nós a toda a hora.

COPÉRNICO. Não, não há vento.

RHETICUS. É o que estou a dizer.

COPÉRNICO. Não há vento porque o ar gira juntamente com a Terra.

RHETICUS. O ar? Gira?

COPÉRNICO. É tudo um único conjunto. Giram juntos, como um só. A Terra e o ar. E a água, é claro.

RHETICUS. Não poderíamos estar a mover-nos tão depressa sem sentirmos nada. É impossível.

COPÉRNICO. *(agarrando* RHETICUS *pelos ombros, para o abanar)* Está a girar! A cada momento, está a girar. E essa rotação é o que faz que o Sol pareça erguer-se…

COPÉRNICO *roda* RHETICUS *pelos ombros, rudemente, de modo que este fica a olhar para fora (com as costas viradas para* COPÉRNICO).

COPÉRNICO. E pôr-se.

COPÉRNICO *faz* RHETICUS *dar o resto da volta, de modo a ficarem de novo face a face.*

COPÉRNICO. E erguer-se de novo no dia seguinte.

COPÉRNICO *mantém* RHETICUS *ali, durante um momento, com os rostos próximos, depois afasta-o, baixa as mãos, recua.*

RHETICUS. E quanto ao outro movimento?
COPÉRNICO. Pensais que não sei que parece uma loucura? Tendes alguma ideia de quanto tempo precisei, eu próprio, para a aceitar? Ir contra as opiniões de séculos, afirmar algo tão… tão totalmente oposto à experiência comum?
RHETICUS. Falai-me do outro movimento, em redor do Sol.
COPÉRNICO. É a mesma coisa. Não o sentis. Faz parte de vós, como respirar.
RHETICUS. Não, quero dizer, é… tão rápido?
COPÉRNICO. Oh.
RHETICUS. É?
COPÉRNICO. Não.
RHETICUS. Bom.
COPÉRNICO. É mais rápido.
RHETICUS. Raios!

Afastam-se um do outro.

RHETICUS. (*virando-se de novo para* COPÉRNICO) A que velocidade vai?

COPÉRNICO. Em redor do Sol?

RHETICUS. Em redor do Sol, sim.

COPÉRNICO. Não sei.

RHETICUS. Oh, por favor. Dizei-me.

COPÉRNICO. (*virando-se para* RHETICUS) Não sei, realmente. Ninguém sabe qual a distância real que a Terra teria de percorrer para dar a volta completa, mas deve ser da ordem dos milhões... Deve ser de muitos milhões de milhas. O que significa que andamos em redor do Sol pelo menos... pelo *menos* dez vezes mais depressa do que rodamos.

RHETICUS. Portanto, dez mil milhas por...

COPÉRNICO. Talvez cem vezes mais depressa.

RHETICUS. Cem vezes mil milhas?

COPÉRNICO. Talvez.

RHETICUS. É aí que tudo se desmorona.

COPÉRNICO. Porquê?

RHETICUS. *Porquê?*

COPÉRNICO. Porque faz mais sentido o Sol andar à roda da Terra? O Sol deveria ser como uma luz para toda a criação, imóvel, no centro do Universo. Tal como um rei ou um imperador governa no seu trono. Não anda de cá para lá, de cidade em cidade. A partir do momento em que deixardes o Sol ocupar o seu legítimo lugar no cerne, a Terra e os outros planetas dispõem-se numa ordem perfeita em seu redor. E adquirem a sua velocidade de acordo com a sua ordem. É por isso que Mercúrio, o que fica mais perto dele, é o que se move mais rapidamente à sua volta. E depois de Mercúrio, cada um dos sucessivos planetas segue um curso mais lento, até Saturno, o mais lento de todos.

RHETICUS. Realmente? Alinham-se assim? Por ordem de velocidade?

COPÉRNICO. É como se retirassem algum tipo de força motriz da luz do Sol.

RHETICUS. Que poderia ser? Que tipo de força?

COPÉRNICO. Não sei. Ainda estou no escuro, quanto a essa questão. Mas está lá. E é por isso que todos os seus movimentos estão inter-relacionados, como se ligados entre si por uma corrente de ouro. Não poderíeis alterar um único, nem que fosse apenas por uma fração de polegada, sem perturbar os restantes.

RHETICUS. O modo como falais. Como se conhecêsseis o plano de Deus.

COPÉRNICO. Por que outra razão estudaríeis matemática? Se não fosse para descobrir *isso*?

Pausa.

RHETICUS. E as estrelas?

COPÉRNICO. A esfera das estrelas, tal como o Sol, também está imóvel. Não pode girar em redor da Terra todos os dias. É demasiado grande.

RHETICUS. Estou a tentar ver as coisas à vossa moda. Estou, realmente. Mas se a Terra se move à roda do Sol... Não deveríamos ver uma qualquer alteração nas estrelas? Algumas delas não pareceriam... não sei... mais próximas por vezes, ou mais afastadas? Deveria haver uma mudança, da primavera ao outono, de que as pessoas que prestam atenção se aperceberiam.

COPÉRNICO. Poderíeis pensar que isso aconteceria.

RHETICUS. Não sei o que pensar.

COPÉRNICO. Mas não. Não vedes qualquer diferença sazonal. Porque as estrelas estão muito mais afastadas do que alguém imaginou. A escala do Universo é quase inconcebível. A distância até às estrelas é tão tremenda que torna insignificante a distância entre a Terra e o Sol. Comparada com a distância entre Saturno e as estrelas? A distância entre a Terra e o Sol é... negligenciável.

RHETICUS. Negligenciável?

COPÉRNICO. Encolhe até ser apenas um ponto, na verdade.

RHETICUS. Estais a inventar isso. É a vossa fantasia. As estrelas metem-se no vosso caminho? Limitais-vos a atirá-las para outro local.

COPÉRNICO. Não queirais impor limites insignificantes e humanos à Criação. Como se todo o cosmos fosse apenas uma bola de cristal para os vossos problemazinhos pessoais.

RHETICUS. Em nome do Criador, então: para que serve todo esse espaço vazio entre Saturno e as estrelas?

COPÉRNICO. *Serve*?

RHETICUS. Sim.

COPÉRNICO. Para que serve a grandiosidade? O esplendor? A glória? Tão vasta, digo-vos eu, é a divina obra do Deus Único Todo-Poderoso!

A luz apaga-se durante breves instantes
e regressa o efeito de planetário, que roda e desaparece.
Fim do Primeiro Ato.

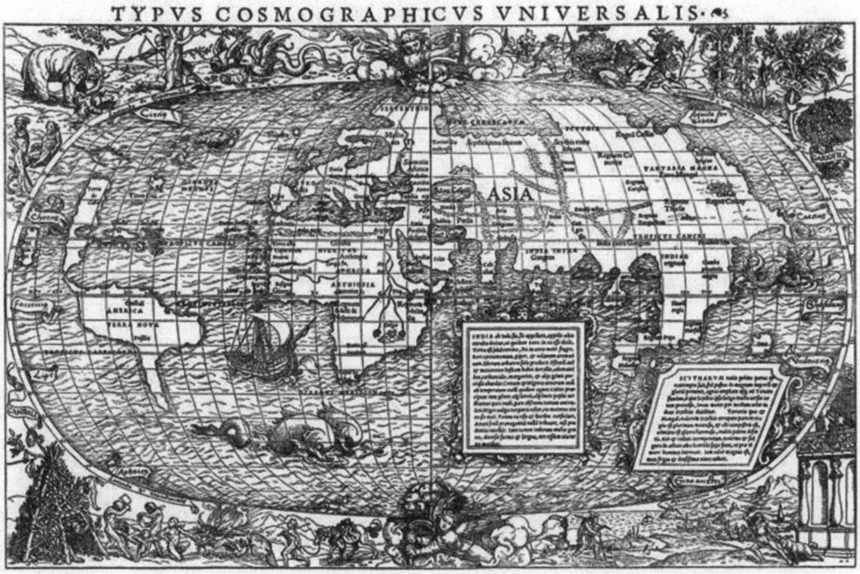

A notícia da teoria espantosa de Copérnico, comunicada pela primeira vez em 1510, desafiou os académicos a considerarem um mundo em movimento. Quase uma década antes de Rheticus chegar a Frauenburg, este mapa foi o primeiro a dar a entender a rotação da Terra em redor de um eixo central, acionado por querubins que giram as manivelas nos polos. Este mapa, publicado em Basileia em 1532, tem sido atribuído a Sebastian Münster e Hans Holbein.

II ATO

Cena 9. No quarto da torre

COLABORADORES

Passou muito pouco tempo desde a cena anterior.
Copérnico *vai virando rapidamente as folhas de uma pilha alta, procurando um determinado capítulo.*

Rheticus *continua a envergar a batina de* Copérnico, *que lhe fica demasiado grande.*

Rheticus *vai agarrando em páginas, ao acaso, e lê-as com uma excitação crescente.*

Rheticus. Não posso acreditar que tenhais feito todo este trabalho sozinho.

Copérnico. Quero ver o capítulo sobre Mercúrio. Sempre soube que havia algo errado no valor que atribuía à anomalia. Talvez agora, com as observações de Schöner a acrescentar....

Rheticus. Quanto tempo demorastes a fazer todas estas observações?

Copérnico. Aqui está.

Rheticus. Há aqui trabalho suficiente para uma vida inteira. Não tivestes, realmente, qualquer ajuda?

COPÉRNICO. Vede o tamanho do segundo epiciclito. O primeiro está no deferente.

RHETICUS. Usastes *dois*?

COPÉRNICO. Tive de introduzir o segundo. Sem ele, o diâmetro do deferente...

RHETICUS. Oh, agora vejo o que... Oh, sim.

COPÉRNICO. Do outro modo, com apenas um único... Vede. Reuni todos os fatores de correção nestas tabelas. É bastante óbvio como devem ser utilizadas... Mas no caso de Mercúrio.

RHETICUS. Quero uma cópia destas tabelas. Tenho de as ter.

COPÉRNICO. Mesmo com as tabelas, continuais a ter de adicionar o...

RHETICUS. Ninguém tem um recurso como este. Aquilo que haveis feito aqui é... É verdadeiramente extraordinário. É mais do que o intelecto ou os trabalhos de um único indivíduo poderiam realizar. E, no entanto, haveis conseguido realizá-lo.

RHETICUS *continua a observar o manuscrito, soltando exclamações.*

COPÉRNICO *recua, observando-o.*

RHETICUS. Por que razão não haveis publicado isto?

COPÉRNICO. Sabeis porquê.

RHETICUS. Não a teoria. Mas apenas estas partes. Os matemáticos dariam tudo para...

COPÉRNICO. Não quero dividir o trabalho desse modo. E fingir que não sei o que sei.

RHETICUS. Muito bem, então. Tudo. Publicai tudo. Porque não?

COPÉRNICO. Agora sois vós que pareceis o louco.

RHETICUS. Não, isto é... Isto devia ser publicado. Vai causar sensação.

COPÉRNICO. Vão rir-se de mim, nos bastidores.

RHETICUS. Tudo depende do modo como o apresentardes. É claro que não poderíeis começar insistindo em que a Terra se move.

COPÉRNICO. Mas fá-lo-ia. Teria de dizer isso.

RHETICUS. Não, isso servirá apenas para deixar toda a gente de cabelo eriçado. Podereis dizê-lo mais tarde. Primeiro, mostrai-lhes todos estes outros... Onde está...? A primeira coisa que me mostrastes. Aqui está! Eis um exemplo perfeito. Esta parte, onde explicais como abordastes o problema do equante. Meu Deus! As pessoas andam a tentar resolvê-lo há...

COPÉRNICO. Não, na verdade. Não é para publicar.

RHETICUS. Tendes de o publicar.

COPÉRNICO. Penso que Pitágoras teve a ideia certa, quando manteve sigilosos os seus números secretos. Nunca os divulgou a ninguém, exceto a parentes e amigos. E, nesse caso, apenas verbalmente. Nunca por escrito.

RHETICUS. Tinha medo de que alguém lhe roubasse a ideia.

COPÉRNICO. Não.

RHETICUS. O vosso nome aparecerá no frontispício do vosso livro.

COPÉRNICO. Não era isso que ele temia. Acreditai, sei como se sentia. Queria proteger as suas mais belas ideias do ridículo.

Pausa.

RHETICUS. Sabeis, aqueles livros que vos trouxe?

COPÉRNICO. Querei-los de volta?

RHETICUS. Conheci aquele impressor, em Nuremberga.

COPÉRNICO. Disse que podíeis ficar com eles.

RHETICUS. Não, escutai, por favor. É amigo de Schöner. É muito bom. O melhor impressor de obras científicas de toda a Alemanha. De toda a Europa, provavelmente. Se lhe mostrasse este manuscrito...

COPÉRNICO. Já vos disse, decidi não o publicar.

RHETICUS. Não podeis guardar isto para vós. Não está certo. O secretismo já não tem lugar na ciência.

COPÉRNICO. Para vós, é fácil dizê-lo. Não iríeis enfrentar o previsível escárnio.

RHETICUS. Os matemáticos vão...

COPÉRNICO. Não serão só os matemáticos mas também os homens da Igreja que se oporão a mim.

RHETICUS. Depois de o terdes publicado, se alguém discordar de vós...

COPÉRNICO. *Se* alguém discordar? *Se*?!

RHETICUS. Se alguém discordar de vós, deixai que publique uma contestação. Depois, vindes e refutais a sua contestação. E assim por diante. Para cá e para lá. É assim que os eruditos fazem bom uso do prelo que lhes foi dado por Deus.

COPÉRNICO. Ainda... ainda não está terminado.

RHETICUS. Aqui, há material suficiente para...

COPÉRNICO. Não. Diversas partes ainda precisam de ser trabalhadas.

RHETICUS. Mostrai-me.

ANNA *entra.*

ANNA. As roupas dele estão secas.

RHETICUS. (*para* COPÉRNICO) Deixai-me ajudar-vos.

ANNA. Está tudo pronto. Chegou o momento.

COPÉRNICO. Obrigado, Anna. Podes deixá-las aí.

ANNA. Ele deveria ir-se embora quanto antes.

COPÉRNICO. Deixa as coisas, Anna. Já desço.

ANNA. Sabeis que o lugar dele não é aqui.

COPÉRNICO. Eu disse...

ANNA. Ele podia dar cabo de tudo!

COPÉRNICO. Anna, não...

ANNA. Porque estás a fazer isto?! Que se passa contigo?

ANNA, *a chorar, corre para fora do quarto.*

COPÉRNICO. *(correndo atrás dela)* Anna, espera!

RHETICUS *agarra nas suas roupas, veste-se, embora continue a ser incapaz de se afastar do manuscrito. Continua a devorá--lo, virando-se para a porta, algumas vezes, com a sensação desconfortável de estar a ser observado.*

Após mais alguns momentos, esgueira-se até à porta, abre-a.

FRANZ, *que estava ajoelhado a espreitar pelo buraco da fechadura, cai para dentro do quarto.*

RHETICUS. Olá.
FRANZ. *(levantando-se)* O bispo estava preocupado...
RHETICUS. O bispo?
FRANZ. Com... a vossa saúde.
RHETICUS. Estou sob prisão?
FRANZ. Oh, não. Ainda não. Quero dizer... Acho que não, não. Mas devo vigiar-vos.
RHETICUS. Estavas a vigiar-me agora mesmo?
FRANZ. Não.
RHETICUS. Deves ter-me visto...
FRANZ. Não, não vi nada...
RHETICUS. Não deves ter estado a olhar com muita atenção.
FRANZ. Estais... a sentir-vos melhor?
RHETICUS. Depende. Quem quer saber?
FRANZ. Eu.
RHETICUS. Bem, muito obrigado. Muito melhor. Podes chamar-me Joachim.

FRANZ *olha-o fixamente, demasiado aturdido para falar.*

RHETICUS. E tu, quem és?

FRANZ. Que são todas estas coisas? Que faz ele aqui em cima?

RHETICUS. Faz a Terra mover-se.

Pausa.

RHETICUS. Vem cá. Vou mostrar-te. Não tenhas medo.

RHETICUS *agarra* FRANZ *pelos ombros, repetindo os gestos anteriores de* COPÉRNICO, *mas suavemente.*

RHETICUS. Ele diz que a Terra gira, estás a ver? Parece uma coisa tonta, na primeira vez em que a ouves, mas proporciona-te uma maneira de explicares porque vês o Sol erguer-se todos os dias, e depois deslocar-se lentamente...

RHETICUS *roda* FRANZ, *pouco a pouco.*

RHETICUS. Pelo céu, até se pôr, a oeste.

RHETICUS *imobiliza* FRANZ *com as costas voltadas para si, aproxima-se dele.*

RHETICUS. Então, vem a noite. Mas a Terra não para aí. Continua a girar, durante a noite.

RHETICUS *continua a rodar* FRANZ, *lentamente, até ficar voltado para si.*

RHETICUS. Até que a alvorada põe termo à escuridão e é dia de novo.

RHETICUS *inclina-se para ficar mais perto, toma o rosto de* FRANZ *entre as mãos.*

As luzes vão-se apagando progressivamente.

CENA 10. NO QUARTO DO BISPO

ESCRITURA

COPÉRNICO *está a fazer um exame médico de rotina ao* BISPO, *enquanto falam.*

BISPO. Então, já recuperou a consciência?

COPÉRNICO. Já, efetivamente.

BISPO. Que ficastes a saber sobre ele?

COPÉRNICO. Trata-se mais de algo que ele me ensinou, sobre mim, Reverência.

BISPO. Oh, sim? Mas quem é ele?

COPÉRNICO. Despertou em mim um desejo de retomar o meu próprio trabalho em matemática.

BISPO. Ah sim?

COPÉRNICO. A explicação da minha teoria.

BISPO. Não sei, Nicolau. Tendes realmente tempo para tal? Com todos os vossos outros deveres?

COPÉRNICO. Sinto que tenho de arranjar tempo para tal, agora.

BISPO. Mas como? Quando? Não sois um jovem e sabei-lo.

COPÉRNICO. Precisamente.

Pausa.

BISPO. Ainda não me haveis contado nada sobre ele.

COPÉRNICO. Estou a pensar que deveria publicá-la.

BISPO. Publicar? A vossa teoria?

COPÉRNICO. Convenceu-me de que outros matemáticos irão ficar agradados com a ideia.

BISPO. A vossa ideia, Nicolau… Bem. Tenho a certeza de que é muito matemática. Realmente. Mas, ao mesmo tempo, ultrapassa os limites da matemática. É a minha opinião. Vou ao ponto de afirmar que abala os próprios alicerces da doutrina da Igreja.

COPÉRNICO. Oh, não, Reverência.

BISPO. E Josué?

COPÉRNICO *suspira.*

BISPO. Respondei-me.

COPÉRNICO. Suplicando o perdão de Vossa Reverência. O que se passa apenas é que eu... vi brandirem tantas vezes Josué contra mim que começo a sentir-me como um dos seus inimigos entre os Amorreus.

BISPO. Bem, e que me dizeis em relação a ele?

COPÉRNICO. Nada.

BISPO. Como respondeis, Nicolau? Como vos defendeis da acusação de que as vossas ideias colidem com o que a Bíblia afirma sobre Josué?

COPÉRNICO. Não respondo. Penso que é melhor não dizer nada.

BISPO. Recusais-vos a responder-me?

COPÉRNICO. Oh, a vós não, Reverência. Não quero responder à acusação. Prefiro evitar qualquer referência a Josué e limitar os meus comentários apenas à matemática.

BISPO. Isso não é uma resposta.

COPÉRNICO. Receio, Reverência. Receio que possa haver... tagarelas que afirmem ser juízes da astronomia, embora ignorem totalmente a matéria. E tais homens não vão evitar distorcer uma determinada passagem das Escrituras para os seus fins, para me censurarem.

BISPO. Não estou a tentar censurar...

COPÉRNICO. Oh, eu sei que Vossa Reverência não é um desses.

BISPO. Fiz vista grossa a todo o tipo de infrações, nestes últimos tempos, e não preciso de vo-lo recordar!

COPÉRNICO. Muito obrigado, Reverência.

BISPO. Mas com toda a certeza que ireis ter de resolver o problema de Josué. E inúmeras outras passagens da Sagrada Escritura. Os Salmos também nos ensinam que a Terra não se move.

Copérnico. Quando leio essas passagens, oiço o divino salmista afirmar que fica contente através da obra do Senhor. Que rejubila nas obras das Suas mãos. Só isso.

Bispo. Andamos a ler a mesma Bíblia, Nicolau? O Salmo 104 afirma que Deus Nosso Senhor fundou a Terra sobre bases sólidas, inabaláveis para sempre. Não se moverá. Para todo o sempre.

Copérnico. É uma questão de interpretação.

Bispo. Que há a interpretar? Está afirmado lá, em linguagem simples. Não podia ser mais clara. Não se moverá para todo o sempre. Não diz que deveria girar como um pião.

Copérnico. Para mim, afirma que Deus, a fonte de todo o bem, criou um lar permanente para a humanidade nesta Terra. E essa base manter-se-á firme para sempre.

Bispo. Isso continua a não responder a Josué.

Copérnico. Por estranho que possa parecer, Reverência, a alguém que não seja matemático, a minha teoria proporciona determinadas vantagens para a melhoria do calendário.

Bispo. O calendário eclesiástico?

Copérnico. A Páscoa, por exemplo. Para calcular a data exata da Páscoa, todos os anos.

Bispo. E poderíeis ter um contributo com essa importância?

Copérnico. Não pretendo gabar-me.

Bispo. Porque não o dissestes antes? Porque é que nunca referistes, sequer, o calendário, até hoje?

Copérnico. Faltava-me a confiança para expor a minha teoria... à observação dos outros.

Bispo. Não fazia a menor ideia de que houvesse tanta coisa ligada a ela.

Copérnico. Então...

Bispo. Durante todos estes anos, pensei que estáveis apenas...

Copérnico. Tenho a bênção de Vossa Reverência para prosseguir com o meu trabalho?

BISPO. Penso que sim. Se o que dizeis é verdade, então penso que *devereis* retomá-lo.

COPÉRNICO. Muito obrigado, Reverência.

BISPO. Não fazia a menor ideia. Então, como funciona? Como é que o que fazeis se relaciona com a data da Páscoa?

COPÉRNICO. Tem que ver com a correção da duração exata do ano tropical, a partir de observações equinociais e solsticiais de...

BISPO. Deixai isso, por agora.

COPÉRNICO. Tenho a certeza de que conseguiria explicar...

BISPO. Sim, sim. Portanto, suponho que, agora, precisais de encontrar uma tipografia. Um impressor.

COPÉRNICO. Ouvi dizer que há um excelente, na Alemanha.

BISPO. Que disparate! Não temos impressores aqui, na Polónia?

COPÉRNICO. Humm. Não há nenhum, penso, que pudesse encarregar-se de uma obra desta natureza.

BISPO. Um tal livro atrairia uma atenção muito positiva para Varmia. Não só para Varmia. Para a Polónia. Para... Decididamente, deveria ser impresso aqui...

COPÉRNICO. É uma obra tão extensa...

BISPO. Quem conheceis na Alemanha?

COPÉRNICO. Para este tipo de texto, com o grande número de diagramas necessário...

BISPO. Não estais a pôr o carro à frente dos bois? Não achais que deveríeis escrever este livro antes de vos preocupardes com o local onde será impresso?

COPÉRNICO. Sim, Reverência. Há muito a fazer.

BISPO. Então, é um livro grande, é isso?

COPÉRNICO. Já escrevi várias centenas de páginas, ao longo dos anos.

BISPO. Tudo isso?! Meu Deus, meu Deus. E ainda não chegastes ao fim?

COPÉRNICO. É... complexo.

BISPO. Sabeis em que estou a pensar, Nicolau? Estou a pensar que desejareis aligeirar a vossa linguagem matemática com um pouco de poesia. Que achais?

COPÉRNICO. Ainda não tinha pensado nisso.

BISPO. O vosso livro vai precisar desse toque literário. Quando chegar o momento, comporei uns versos para incluirdes, como introdução. Uma invocação.

COPÉRNICO. Vossa Reverência é muito gentil.

BISPO. Um livro académico como esse vai, por certo, atrair a atenção do duque. Verá os talentos que temos aqui... Caramba, o próprio rei poderá recompensar a diocese por um tal... Quanto tempo pensais que ides demorar?

COPÉRNICO. É difícil dizê-lo. Vou precisar de ajuda para concluir o projeto.

BISPO. Tendes o meu secretário. Vou colocá-lo à vossa disposição.

COPÉRNICO. Esse não é o tipo de ajuda que...

BISPO. Ah! Estais a referir-vos à parte matemática.

COPÉRNICO. Sim, Reverência.

BISPO. Não existe ninguém capaz de vos ajudar nisso.

COPÉRNICO. Desconfio, Reverência, que o infeliz inválido que, recentemente, ficou doente à minha porta poderia ser...

BISPO. Ah! Lá voltamos a ele.

COPÉRNICO. Caso ele estivesse disposto a tal e caso Vossa Reverência o permitisse, poderia pedir-lhe que ficasse cá durante uns tempos, como colaborador.

BISPO. Desde quando procurais a minha aprovação para aqueles que hospedais em vossa casa, Nicolau?

COPÉRNICO. Este é um caso especial

BISPO. E a meretriz? Calculo que também ela seja crucial para a vossa nova tarefa?

COPÉRNICO. Ele é professor de matemática em Wittenberg.

O BISPO *abre a boca.*

COPÉRNICO. Não o convidei para cá. Deus é minha testemunha, não fazia a menor ideia de que vinha. Materializou-se à minha porta como um… como…

BISPO. Como me insultais! Me ofendeis!

COPÉRNICO. Foi tudo uma tal coincidência que parecia não poder ser uma mera coincidência… Como se houvesse algo… providencial na sua chegada.

BISPO. Silêncio! Pensais que o Céu vos enviou um luterano para vos ajudar a anunciar ao mundo as vossas ideias loucas?

Pausa.

BISPO. Raios, Nicolau! Esperais que infrinja a minha própria lei para vos fazer a vontade?

COPÉRNICO. Ninguém precisa de saber quem ele é. Prometo mantê-lo fora das vistas. A sua presença não ofenderá uma única alma. Juro.

BISPO. Não podeis ficar com os dois. A escolha é vossa, Nicolau. A meretriz. Ou o herético. Uma ou outro.

Apaga-se a luz.

CENA 11. NO QUARTO DA TORRE

PAIXÃO

Aparecem as estrelas do efeito de planetário, começam a girar, acelerando rapidamente.

FRANZ. Eeheheehehe!

RHETICUS. É divertido?

FRANZ. Roda mais depressa! Uuuuuuuuuuuuuuuh!

As luzes abrandam e param.

FRANZ. Oooooh

RHETICUS. Está bem. Mais uma vez. Vamos a isso.

As luzes aceleram, abrandam, param.

Acendem-se as luzes de cena enquanto RHETICUS *abre a portinhola e* FRANZ *estica a cabeça para fora da Máquina.*

FRANZ. Continuo sem perceber. Mas adoro. Adoro o aspeto que tem quando…

RHETICUS. Agora, sai.

FRANZ. Posso dar mais uma volta?

RHETICUS. Não, não. Tenho de voltar ao trabalho.

RHETICUS *puxa-o para fora, beija-o.*

RHETICUS. (*dando umas palmadinhas no traseiro de* FRANZ) Agora, vai-te embora. Mas volta mais tarde.

FRANZ. Não tenho de me ir embora.

RHETICUS. Estou a falar a sério. Prometi-lhe que iria rever os planetas superiores antes de ele…

FRANZ. E eu prometi a Sua Reverência, o bispo, que te observaria de perto. Tenho de lhe contar tudo o que fazes. Até ao mínimo pormenor. Portanto, estás a ver, estou no meu posto a cumprir o meu dever. Não tenho de ir a lado nenhum.

Beijam-se de novo, abraçam-se, dirigem-se para o catre.

Apagam-se as luzes.

Cena 12. No quarto de Copérnico

SEPARAÇÃO

Anna *está de pé, atónita e em sofrimento.*

Copérnico. É apenas durante um curto período.

Anna. Apenas…?

Copérnico. Só até ele se acalmar. Em relação ao atentado contra a sua vida. Compreendes.

Anna. Mas ninguém atentou contra a vida dele. Tu próprio o disseste, ele só comeu qualquer coisa estragada.

Copérnico. Sabes quão irascível é.

Anna. Quanto tempo vamos ficar separados?

Copérnico. Não sei. Mas penso que, quanto mais cedo aquiescermos, mais rapidamente se acalmará tudo. E, então, poderemos estar juntos.

Anna. Juras?

Copérnico. Vais ver.

Anna. Mas para onde se espera que vá?

Copérnico. O bispo Giese ofereceu a sua…

Anna. Tens uma casa para mim? Já?

Copérnico. Acontece que ele se ofereceu. Para nos ajudar.

Anna. Muito bem. Está tudo arranjado. Tudo resolvido.

Copérnico. Não queria dar-te mais preocupações. É claro que procurei um alojamento para ti. Um alojamento temporário.

Anna. Não preciso de uma nova casa. É aqui que vivo.

Copérnico. Anna…

Anna. Tenho o direito de estar aqui.

Copérnico. Eu sei isso.

Anna. E ele? Era ele que deveria sair da cidade a correr.

Copérnico. É diferente. Está doente.

ANNA. Talvez eu devesse adoecer.

COPÉRNICO. Anna.

ANNA. Porque não ficaria doente? Depois, também terias de cuidar de mim.

COPÉRNICO. Não, Anna.

ANNA. Porque não? Porque é que ele não poderia ter-me infetado? Dei-lhe banho, toquei-lhe nas roupas. E agora, estás a ver, agora, também estou demasiado fraca para viajar.

COPÉRNICO. Não.

ANNA. Porque não, Mikoj? Podias instalar lá em cima o teu hospital privado. Com dois pacientes, em vez de um. E, assim, podíamos... Assim, não teria de me afastar uma única noite!

COPÉRNICO. O bispo não se deixaria enganar.

ANNA. Esse cão desse falso padre. Vejo como olha para mim. É por isso que está a obrigar-te a mandar-me embora. É essa a verdadeira razão, o velho devasso.

COPÉRNICO. Ele tocou-te?

ANNA. Consigo ler o que lhe vai na mente, mais nada. Mas se for discreta, me mantiver longe das vistas....

COPÉRNICO. Não tornemos as coisas mais difíceis do que já são.

ANNA. Dentro em breve, vais ter de mandar embora o teu professor, sabes bem. Quanto tempo pensas que vais poder fingir que ele está apenas deitado lá em cima, inconsciente? O bispo vai descobrir. Ele tem espiões, sabes bem. Alguém vai ter de ver que não estás a tratar-lhe da febre, quando vais lá acima. Que se passa, Mikoj? Porque estás a olhar-me assim? Por certo não estás a pensar que te denunciaria? Oh, Mikoj, nunca direi a ninguém. Sei que nunca diria ou faria algo que pudesse prejudicar-te.

COPÉRNICO. Eu sei isso. Só queria que as coisas não tivessem de ser assim.

Abraçam-se e ficam agarrados.

ANNA. Vem comigo.

COPÉRNICO. O quê?

ANNA. Parte comigo. Vamos os dois. Porque hás de continuar a baixar-te perante ele?

COPÉRNICO. Pensas que eu poderia, simplesmente, ir-me embora daqui?

ANNA. Foge. Vem e fica comigo num lugar onde ninguém se importe que estejamos juntos. Deixa todos estes velhos nojentos e abelhudos.

COPÉRNICO. Deixar a Igreja?

ANNA. Faremos uma nova vida. A nossa vida. Em qualquer outro lugar menos aqui. Pensa nisso, Mikoj. Poderás ter um verdadeiro hospital. Eu poderei ser parteira. Sobreviveremos. Vais ver.

COPÉRNICO. Sou demasiado velho para mudar, Anna.

ANNA. Não és assim tão velho.

COPÉRNICO. Ambos soubemos, desde sempre, que nós dois... que nunca poderíamos ter uma vida juntos.

ANNA. Não vais comigo?

COPÉRNICO. Não posso.

ANNA. Não podes.

COPÉRNICO. Sinto muito.

ANNA. Não podes. Tu! Viraste todo o Universo do avesso e de pernas para o ar. Disseste a cada planeta qual o caminho que deveria seguir. Ainda és esse homem, Mikoj?

Apagam-se as luzes.

CENA 13. NO QUARTO DA TORRE

DEDICAÇÃO

Várias semanas mais tarde. O quarto parece mais «vivido».
O manuscrito cresceu comportando
várias pilhas de folhas, mais ou menos ordenadas.

RHETICUS. Continuo a dizer que apresentais a vossa tese com demasiada rapidez. Tendes de chegar a ela progressivamente. Abordar a ideia devagar.

COPÉRNICO. Não quero fingir que o livro é algo que não é.

RHETICUS. Não podeis, pura e simplesmente, empurrar o céu para o centro do Universo na página um.

COPÉRNICO. Mas é precisamente disso que se trata.

RHETICUS. Sim, mas tendes de avançar lentamente até aí, como tentei mostrar-vos. Pelo amor de Deus, não podeis limitar-vos a retirar a lanterna do Universo do seu lugar no céu eterno e perfeito, e atirá-la para o buraco dos Infernos, na base do mundo.

COPÉRNICO. Mais adiante, explico porquê…

RHETICUS. Deslocai tudo mais tarde. Se não o fizerdes, virar-se-ão todos contra vós. Vão agarrar-se com unhas e dentes à velha Terra imóvel. Insistirão em que o lugar que pertence à Terra é o centro porque… por causa da sua Mundanidade. Por causa de toda a mudança, e morte, e decadência. Se quereis pôr o Sol ali, no meio de tudo, é melhor que o façais devagar.

Pausa.

COPÉRNICO. Quereis dizer que não o provei. Matematicamente.

RHETICUS. Não disse isso.

COPÉRNICO. Mas é o que quereis dizer. Se as provas fossem mais fortes, não estaríeis a envidar tantos esforços para fazer que pareça agradável.

RHETICUS. Quero que vos oiçam, que vejam o que fizestes. Peço-vos: convidai-os a entrar neste mundo novo. Não lho impinjais.

COPÉRNICO. Talvez não esteja pronto, afinal. Talvez tudo isto tenha sido um grande erro.

RHETICUS. Não, não. Não digais isso.

COPÉRNICO. Não sei o que me fez pensar que podia...

RHETICUS. *(dirigindo-se a ele e agarrando-lhe nos ombros para o encorajar)* Não podeis perder o ânimo. Tendes de deixar algumas pedras para serem viradas. Algo para ser feito por aqueles que virão depois de vós. Destes-nos tanto para desenvolvermos. O vosso trabalho é... É como aquela catedral que ali está. Pensais que quem quer que tenha colocado as pedras dos alicerces ainda andava por aqui quando colocaram a cruz lá no alto? Acreditai em mim, padre. Dentro de cem anos, os astrónomos continuarão a ler o vosso livro.

COPÉRNICO. E vós, Joachim?

RHETICUS. Li-o uma centena de vezes.

COPÉRNICO. Que ireis fazer depois de termos acabado o que estamos a fazer?

RHETICUS. Depois? Levarei o vosso livro para Nuremberga. Ficarei de olho no impressor, para o manter alerta. Farei a revisão de provas de cada página, eu...

COPÉRNICO. *Depois* disso.

RHETICUS. Não tenho de me preocupar com nada depois disso.

COPÉRNICO. Regressareis a Wittenberg? Ao vosso ensino?

RHETICUS. Não, padre. Nessa altura... Então, estarei...

COPÉRNICO. O quê?

RHETICUS. Não há «depois» para mim, depois disso. Não vos lembrais? Nesta época, no próximo ano, quando Júpiter e Saturno entrarem na sua Grande Conjuntura, o meu tempo chegará...

Copérnico. Não podeis continuar a acreditar nisso.

Rheticus. Nada, na vossa teoria, me proporciona uma saída.

Copérnico. Não podeis, pura e simplesmente, desistir da vida. Obedecer a um qualquer sinistro…

Rheticus. Cumpri a minha missão. E é bastante. Não há muitos idosos que possam dizer o mesmo. Encontrei-vos. Tirei o vosso trabalho do lixo. E quando o vir publicado, acabei. O que quer que me aconteça já não terá importância.

Copérnico. Não sabeis o que acontecerá.

Rheticus. Mas sei.

Copérnico. Podeis viver cem anos. Não fazeis a menor ideia do que o futuro vos reserva.

Rheticus. Haveis feito tudo o que podíeis por mim. O tempo que passei convosco foi…

Copérnico. Esperai um pouco e vereis o que acontecerá à vossa carreira quando Schöner e os outros lerem os agradecimentos que vos faço.

Rheticus. A mim?

Copérnico. A vós, é claro.

Rheticus. Oh, não. Não deveis revelar o meu papel nisto.

Copérnico. Pensais que não vos agradeceria, publicamente, tudo o que fizestes para…

Rheticus. O meu nome não deve aparecer no vosso livro. Iríeis macular tudo.

Copérnico. Não me importo. Devo-vos…

Rheticus. Não. Tendes outros a quem podeis agradecer, sem enfurecer os líderes da vossa Igreja.

Copérnico. Até o próprio bispo sabe quanto haveis…

Rheticus. Não é o bispo que me preocupa.

Copérnico. Lutero?

Rheticus. Tenho um novo plano, para uma dedicatória que ireis escrever. Ao verdadeiro poder.

COPÉRNICO. Estais a referir-vos ao duque Alberto?

RHETICUS. Não!

COPÉRNICO. O rei?

RHETICUS. Não, ninguém do governo. A dedicatória tem de reconhecer poderes mais alveados. Alguém na Igreja.

COPÉRNICO. Não se trata do bispo?

RHETICUS. Não! Já é suficientemente mau estarmos presos aos seus versos de pé quebrado.

COPÉRNICO. Tiedemann?

RHETICUS. Não é, de modo algum, suficientemente poderoso.

COPÉRNICO. Quem então, o papa?

RHETICUS. Sim!

COPÉRNICO. Eu estava a brincar, Joachim.

RHETICUS. Estou a falar muito a sério.

Pausa.

RHETICUS. Ele é verdadeiramente o único.

COPÉRNICO. Sua Santidade?

RHETICUS. Paulo Pontifex Maximus em pessoa. Para vos proteger. Daqueles caluniadores que distorcerão capítulos e versos para fins maléficos e tentarão condenar a vossa teoria. Apesar de, ambos o sabemos, não haver nada irreverente no vosso livro, existe mesmo assim o perigo de alguém…

COPÉRNICO. Mas… Sua Santidade.

RHETICUS. A mera menção do seu nome vai dar ao livro o ar de autoridade papal. Poderia, inclusive, dar a impressão às pessoas de que ele vos encomendara a sua escrita.

COPÉRNICO. Ele nunca o faria.

RHETICUS. Mesmo assim, poderia parecer que o fizera.

COPÉRNICO. Que poderia ele ter a dizer sobre astronomia?

RHETICUS. Ele não tem de dizer nada. Vós limitais-vos a dedicar-lhe o livro.

COPÉRNICO. Nem sequer poderia fazê-lo sem a sua autorização expressa.

RHETICUS. Então, temos de obter a sua autorização.

COPÉRNICO. Tem sobre os ombros os problemas do mundo. Acabou de excomungar o rei de Inglaterra.

RHETICUS. O vosso bispo deve ter representantes em Roma. Embaixadores junto do Vaticano? Alguém que consiga contactá-lo?

COPÉRNICO. Mesmo que conseguíssemos contactá-lo… Está consumido com uma solução final para o problema luterano! Sinto muito, Joachim. Desculpai que…

RHETICUS. Também não lhe tenho o menor amor. Para mim, ele é o Anticristo. Mas para o vosso livro… Acreditai em mim, padre. Se lhe dedicardes os vossos estudos, provareis a todos que não fugis ao julgamento, nem sequer por parte da mais elevada autoridade.

COPÉRNICO *pensa nisto, sorri e, em seguida, ri. É a primeira boa gargalhada que dá desde há muito, e goza-a.*

RHETICUS, *que não tem muita certeza de qual é a graça, ri, mesmo assim.*

COPÉRNICO *abraça-o, dá-lhe umas pancadinhas nas costas e, por fim, recupera o fôlego suficiente para falar.*

COPÉRNICO. Estou a imaginar a cara do bispo quando lhe pedir que…

Separaram-se de novo. COPÉRNICO *dá um abraço paternal a* RHETICUS *e dirige-se para a porta. Dão mais uma gargalhada, e acenam um ao outro, sérios de novo.*

Apagam-se as luzes.

Cena 14. Nos aposentos do Bispo

HERETICUS

Bispo. É tudo o que faz?

Franz. Sim, Reverência.

Bispo. Só... escreve?

Franz. Por vezes, anda para cá e para lá, a pensar. Amiúde, o doutor também lá está e falam. Mas, durante a maior parte do tempo, escreve.

Bispo. Mais ninguém vai ao quarto?

Franz. Não, Reverência.

Bispo. Nem mensagens de... algures?

Franz. Não, que eu tenha visto, Reverência.

Bispo. E nenhuns sinais da... a, hum, a governanta.

Franz *baixa o olhar, fazendo que não com a cabeça.*

Bispo. Muito bem. Já não precisas de o vigiar tão de perto.

Franz. Não?

Bispo. Está na hora de voltares a dedicar-te a algumas tarefas que negligenciaste. Tudo bem, nesse caso. Podes dizer ao doutor que vou recebê-lo agora.

Franz *sai.*

Copérnico *entra.*

Bispo. Entrai, Nicolau. Como é que vos estais a dar, vós e o professor... o professor Hereticus.

Copérnico. Rheticus, Reverência. O seu nome é Rheticus. E está muitíssimo grato a Vossa Reverência por tolerar a sua presença durante todo este tempo.

Bispo. Não me digais que precisais de mais uma extensão do tempo?

COPÉRNICO. Não. Estou aqui para vos comunicar que o nosso trabalho está quase terminado. Apenas mais alguns capítulos, e depois...

BISPO. Excelente.

COPÉRNICO. Sim. Bem. Há mais uma coisa para a qual pensamos que poderia ser necessária a ajuda de Vossa Reverência...

BISPO. Vedes? Foi o que sempre vos disse. E agora haveis verificado pessoalmente. Como o facto de vos terdes livrado daquela leviana libertou a vossa mente para o trabalho sério que Deus queria que realizásseis.

Apagam-se as luzes.

CENA 15. NO QUARTO DA TORRE

DESCOBERTA

FRANZ *e* RHETICUS *estão deitados no catre, abraçados.*

FRANZ. *(levantando-se, começando a vestir-se)* Tenho de voltar.

RHETICUS. E o teu dever aqui? Para comigo?

FRANZ. Neste momento, ele passa a vida a encontrar um milhão de outras coisas para eu fazer. Todos os dias é algo novo.

RHETICUS. *(levantando-se, dirigindo-se a ele)* E as noites?

Beijam-se.

RHETICUS. Volta mais tarde. Prometes?

Beijam-se de novo.

COPÉRNICO *entra, vê-os e cambaleia.*

Eles também o veem. FRANZ *dá um salto, começa a correr, mas* RHETICUS *agarra-o.*

FRANZ *liberta-se e sai, correndo.*

RHETICUS. Sempre o soubestes, não é verdade?

COPÉRNICO. Nao tinha a certeza.

RHETICUS. Mas suspeitáveis?

COPÉRNICO. Rezei pedindo que as minhas suspeitas fossem infundadas.

RHETICUS. Agora, sabeis a verdade.

COPÉRNICO. Sim.

RHETICUS. E sentis desprezo por mim.

COPÉRNICO. Não, Joachim. E também não vos julgo.

RHETICUS. Não precisais de fingir que compreendeis.

COPÉRNICO. Mas não posso continuar a proteger-vos.

RHETICUS. De mim mesmo?

COPÉRNICO. Sabeis o que vos acontecerá, se fordes descoberto?

RHETICUS. Sei.

COPÉRNICO. Não é possível que saibais, pois não…

RHETICUS. Sei!

COPÉRNICO. A lei condena quem quer que cometa…

RHETICUS. Não me citeis a lei.

COPÉRNICO. Diz que pagareis com a vida.

RHETICUS. Não tem importância.

COPÉRNICO. Sereis queimado vivo!

RHETICUS. Ser queimado vivo e morrer! Morrer e arder no Inferno para todo o sempre! Seja como for, estou condenado.

COPÉRNICO. Se fordes descoberto… Se isto chegar aos ouvidos do pai do rapaz…

RHETICUS. Ele não ousará contar ao pai. Não contará a ninguém.

COPÉRNICO. O risco é demasiado grande, Joachim.

RHETICUS. Ele não vai contar.

COPÉRNICO. Tendes de sair daqui. Ide, agora, antes que aconteça qualquer outra coisa.

RHETICUS. Ir?
COPÉRNICO. Ide! Sim! Agora. Insisto que deveis ir.
RHETICUS. Não posso abandonar-vos agora.
COPÉRNICO. Não vou permitir que arrisqueis a vossa vida por causa de…
RHETICUS. Não me importo com o que me aconteça.
COPÉRNICO. Então, pensai no rapaz. Não destruais as suas hipóteses…
RHETICUS. Estamos tão perto do final. Mais alguns dias é tudo…
COPÉRNICO. Não.
RHETICUS. Apenas…
COPÉRNICO. É impossível. Agora, nem mais uma palavra. Ponde-vos a andar, ou morrerei de medo.
RHETICUS. Deixai-me terminar o que…
COPÉRNICO. Temo por vós, Joachim.
RHETICUS. Está bem, irei.

COPÉRNICO *leva a mão ao peito, senta-se.*

RHETICUS *começa a reunir as pilhas de páginas do manuscrito.*

COPÉRNICO. Que estais a fazer?
RHETICUS. Vou levá-lo para Nuremberga. Fazer o que prometi.
COPÉRNICO. Não. Não podeis…
RHETICUS. Para o impressor.
COPÉRNICO. Não.
RHETICUS. Cumprirei a minha promessa, aconteça o que acontecer.

RHETICUS *continua a reunir o manuscrito.*

COPÉRNICO *tenta pará-lo, arrebata-lhe as páginas.*

COPÉRNICO. Parai!
RHETICUS. *(recusando-se a soltá-las)* Que se passa convosco?
COPÉRNICO. Não está pronto.
RHETICUS. Está.

COPÉRNICO. Não.

RHETICUS. Está…

COPÉRNICO. Não estou pronto.

RHETICUS. Levo esta parte comigo, e mais tarde podereis mandar-me…

COPÉRNICO. Não podeis levar o meu manuscrito!

RHETICUS. Perdestes totalmente a confiança em mim?

COPÉRNICO. Não.

RHETICUS. Guardá-lo-ei com a minha vida.

COPÉRNICO. Não.

RHETICUS. Sabeis que o farei.

COPÉRNICO. Não.

RHETICUS. Juro.

COPÉRNICO. Nunca quis que o levásseis.

RHETICUS. Temos estado a trabalhar para esta ocasião desde o momento em que…

COPÉRNICO. Preciso de o manter aqui. Comigo.

RHETICUS. Prometi-vos um livro publicado.

COPÉRNICO. Mantê-lo a meu lado.

RHETICUS. Tenho de o levar comigo para…

COPÉRNICO. Este não. Não.

RHETICUS. Mas como poderei…?

COPÉRNICO. Uma cópia. Queria que levásseis uma cópia convosco. Não o meu manuscrito.

RHETICUS. Só copiei os primeiros capítulos. Não é suficiente para…

COPÉRNICO. Não posso separar-me dele.

RHETICUS. Agora, não há tempo para copiar…

COPÉRNICO *(perdendo o ânimo)* Não posso.

RHETICUS. Tendes de me deixar…

COPÉRNICO. Não posso. Tem estado a meu lado durante toda a minha vida. Não posso separar-me dele.

COPÉRNICO *aperta o manuscrito contra o peito.*

RHETICUS. Muito bem. Levarei apenas as partes que copiei.

COPÉRNICO. Não posso.

RHETICUS. Está bem. E quanto ao resto? Como é que vós...?

COPÉRNICO. Copio-o para vós. Eu...

RHETICUS. Não podeis fazê-lo pessoalmente.

COPÉRNICO. Arranjarei alguém para me ajudar. Vereis.

RHETICUS. Estarei à espera dele. Em Nuremberga.

COPÉRNICO. Sei que estareis.

RHETICUS. Não vos desiludirei.

COPÉRNICO. Agora, ide.

RHETICUS. Estarão todos à espera dele.

COPÉRNICO. Sim. Agora, ide.

RHETICUS *fecha o saco, olha em seu redor.*

COPÉRNICO. Joachim!

COPÉRNICO *estreita* RHETICUS *num longo abraço de despedida.*

COPÉRNICO. Adeus, Joachim!

RHETICUS. Adeus, meu professor!

RHETICUS *vai até á porta, vira-se para um último olhar.*

COPÉRNICO. Que Deus vos perdoe e vos abençoe.

RHETICUS. Deus esteja convosco, meu professor. Meu pai.

RHETICUS *sai.*

COPÉRNICO. E convosco também. Que Deus esteja c... c... c...

COPÉRNICO *abana a cabeça para ficar com as ideias mais nítidas, tenta falar. O seu braço direito cai-lhe para o lado, mas continua a apertar o manuscrito contra o peito, com o esquerdo, enquanto se deixa cair na cadeira.*

Apagam-se as luzes.

Cena 16. No quarto de Copérnico

DE REV

Copérnico *jaz na cama, comatoso.* Giese *está ajoelhado a seu lado, a rezar. Ouvem-se fortes pancadas vindas da porta da rua, mas* Giese *tenta ignorá-las.*

Anna. *(nos bastidores)* Por piedade! Deixai-me entrar. Oh, porque não abris a porta? Deixai-me entrar, peço-vos. Não tendes coração?

Giese *compadece-se, dirige-se à porta.*

Anna. *(nos bastidores)* Deixai-me entrar. Deixai-me entrar!

Giese *abre a porta.*

Anna. *(entrando)* Porque não me dissestes? Porque ninguém disse nada? Oh, onde está ele?

Anna *passa ao lado de* Giese, *correndo para a cama.*

Giese *fica perto, atrás dela.*

Anna. Oh, Mikoj! Sou eu, meu querido. Agora, estou aqui contigo. Está tudo bem. Não queriam que eu soubesse, mas descobri. E agora ficarei contigo. Estarei aqui a cada minuto. Não te preocupes. Estou aqui.

Giese. Ele não te ouve.

Anna. Shiu! Vede! Está a tentar falar.

Giese. Há várias semanas que não diz uma palavra. Nada.

Anna. Mas tem os olhos abertos. Os lábios movem-se. Vede.

Giese. O duque enviou o seu médico pessoal. Ele disse que era apenas um… reflexo.

Anna. Não sabeis isso. Ele pode estar a ouvir tudo o que dizemos. (*para* Copérnico) Podes ouvir-me, Mikoj? Não precisas de falar, se não quiseres fazê-lo. Se for demasiado difícil para ti, descansa. Eu sei. Está tudo bem. Agora, já não te deixo.

GIESE. Não há nada a fazer.

ANNA. Deveríeis ter-me dito.

GIESE *põe-lhe uma mão na cabeça, como se fosse abençoá-la, mas ela levanta-se para o olhar de frente.*

ANNA. *(sussurrando)* Ele não iria querer isto.

GIESE. Ele não tem medo de morrer.

ANNA. Há certos pós cuja existência conheço. Podiam… pôr termo ao seu sofrimento.

GIESE. Deus levá-lo-á quando chegar a sua hora.

ANNA. Estou apenas a dizer que seria possível aliviar o seu… Inclusive para apressar a sua entrada na próxima vida.

GIESE. Não deves dizer essas coisas, minha filha. Nem sequer deves pensá-las.

ANNA *ajoelha-se de novo junto à cama, agarra na mão de* COPÉRNICO.

GIESE *reza.*

FRANZ. *(entrando a correr)* Bispo Giese. Está aqui, bispo Giese! Está aqui! Vede!

GIESE. Silêncio! Que é…?

FRANZ. Menina Anna!

GIESE. Que tens aí?

FRANZ. Vem de Nuremberga. Está a ver? Deve ser aquilo.

GIESE. Deixa-me ver.

ANNA. É uma coisa para ele?

GIESE. Vamos lá ver o que temos aqui.

FRANZ. É…?

GIESE. Olhem para isto!

ANNA. Que é?

FRANZ. Eu sabia!

ANNA. Isso é o livro dele?

FRANZ. Todas aquelas centenas de páginas que copiei para ele. Para ambos.

GIESE. Nunca pensei ver chegar esse dia.

FRANZ. Há um bilhete? Algumas palavras de...?

ANNA. Não pode ser o livro. Será apenas um monte de papel?

GIESE. «Das Revoluções dos...»

ANNA. É realmente o livro?

GIESE. «Corpos Celestes». Por...

FRANZ. Não há mais nada no embrulho?

GIESE. Nicolau Copérnico.

ANNA. Não é, de modo algum, o que imaginei. Aquele professor pregou-lhe uma partida desagradável.

FRANZ. Não.

ANNA. Parece mesmo miserável. Isso nunca impressionará ninguém.

GIESE. Oh, mas impressionará. Impressionará. É assim que os livros saem do impressor. Apenas as páginas, assim. Mas vou mandar encaderná-lo para ele. Uma coisa muito grandiosa, em couro vermelho, com o seu nome gravado em letras de ouro. Espera até o veres.

ANNA. Vamos mostrar-lho.

GIESE: Tantas vezes o instei a fazer isto... E como discutiu comigo. (*com um olhar terno para* COPÉRNICO) Velha mula teimosa.

ANNA. Devíamos deixá-lo ver o seu livro.

FRANZ *pega em alguns capítulos e dá-os a* ANNA.

ANNA *dedica toda a sua atenção a* COPÉRNICO, *mostrando--lhe o livro, ignorando os outros dois.*

GIESE *continua a examinar o resto do livro.* FRANZ *espreita por cima do seu ombro.*

GIESE. Lembro-me de quando ele observou este eclipse. Fui vê-lo com ele.

ANNA. Está aqui, Mikoj.

FRANZ. Onde foi, Reverência?

ANNA. Chegou, finalmente.

GIESE. Precisamente aqui, no prado. Estava lua cheia. Tão brilhante. Podia ler-se um livro, lá, ao luar. Tão brilhante era.

ANNA. *(erguendo-o)* Quero que olhes bem para isto.

GIESE. Devo ter adormecido enquanto esperava que começasse, porque me lembro de como me acordou quando chegou o momento. Não deixava os instrumentos, nem por um momento, e por isso… uivou. Como um lobo! Auuuuuuuuuuu!

ANNA. É o teu livro, Mikoj. O teu livro, muito teu, o que escreveste.

GIESE. Pus-me de pé com um salto. Mas, então, aconteceu tudo tão lentamente, de um modo muito gradual. Levou uma hora, penso, ou talvez mais, até a sombra cobrir completamente a Lua.

ANNA. Todo o teu trabalho, todos aqueles anos, e está aqui, finalmente.

GIESE. E sabes o que aconteceu depois? A Lua ficou vermelha.

FRANZ. A sério?

ANNA. *(pondo-lhe umas páginas nas mãos)* Segura-as. Sente-as. Não é maravilhoso?

GIESE. Uma das coisas mais belas que vi até hoje.

ANNA. Mikoj?

COPÉRNICO *desfalece, deixando as páginas cair ao chão.*

Apagam-se as luzes.
Um coro canta «Salve Mater Misericordiae».

Cena 17. No cemitério

FUNERAL

Acompanhantes de um enterro, com o Bispo *a presidir, sugerem uma sepultura.*

Bispo. Bem-aventurados os que choram, porque serão consolados.

Todos. Ámen.

Bispo. Bendito sejas, Pai, Senhor do Céu e da Terra, por revelares os mistérios do Teu Reino.

Todos. Ámen.

Bispo. Eu sou a ressurreição e a vida. Aquele que acreditar em mim, mesmo que esteja morto, viverá. E quem quer que viva e acredite em mim nunca morrerá.

Todos. Ámen.

Anna. (*abrindo caminho em direção ao* Bispo) Isto, também.

Bispo. Quem é esta mulher?

Anna. É mais do que justo.

Franz. *(vindo ajudá-la)* Que estais a fazer, menina Anna?

Anna. Ele iria querer isto. Sei que assim seria.

Anna *começa a atirar o seu embrulho para a cova.*

Bispo. Parem-na.

Franz. *(segurando no embrulho)* Deixai-me ajudar-vos, menina Anna.

Anna *irrompe em pranto nos braços de* Franz.

Giese. (*recebendo o embrulho de* Franz) É o manuscrito dele.

Bispo. Levem-na daqui.

Franz. Vinde comigo, menina Anna.

Franz *conduz* Anna *em direção à boca de cena.*

O BISPO *e* GIESE *ficam atrás, na escuridão.*

RHETICUS *aparece diante de* ANNA *e de* FRANZ.

FRANZ. Sabia que voltaríeis.

ANNA. Vós?!

RHETICUS. (*para* FRANZ) Estiveste com ele no final?

ANNA. Ele já não precisa de vós.

GIESE. *(juntando-se-lhes)* Que se passa aqui?

FRANZ. Eu disse que ele vinha, não foi? Sabia que o faria.

ANNA. (*para* GIESE) Não lho deis. Ele não o merece.

GIESE. (*para* FRANZ) Leva-a para um local onde possa sentar-se e descansar.

FRANZ *obedece.*

ANNA. *(saindo, a chorar)* Deixem que isso vá para a cova com ele. Ele iria querer tê-lo consigo.

GIESE. Reconheceis isto, é claro.

RHETICUS. Ele viu-o? O livro acabado?

GIESE. Oh, sim. Chegou mesmo a tempo.

RHETICUS. No momento em que o entreguei ao mensageiro, pensei: «Porque fiz isso? Porque não vou eu e lho entrego pessoalmente?» Mas já se tinha ido embora. Parti no dia seguinte, esperando... E agora...

GIESE. Ficou tão contente por o ver. Por o agarrar com as suas mãos. Sim. E depois...

RHETICUS. Mas viu-o? Soube que eu....

GIESE. Soube. Sim, meu filho. Estamos-vos todos tão gratos, pelo que fizestes. Quando eu ler o seu livro, ele trá-lo-á de novo à vida para mim.

GIESE *baixa a cabeça, chorando.* RHETICUS *também baixa a cabeça, põe uma mão no ombro de* GIESE.

GIESE. *(estendendo-lhe o manuscrito)* Aqui tendes. Deveis ficar com isto. Por muito que eu próprio desejasse conservá-lo... para meu conforto...

RHETICUS. Ele não quis deixar-me levá-lo.

GIESE. Agora, pertence-vos.

RHETICUS. Ficai com ele. Sois o seu...

GIESE: Não. Fostes o principal instigador de tudo isto. É vosso.

RHETICUS *aceita o manuscrito.*

GIESE. Nunca irá saber o que as pessoas pensaram disto... O que as pessoas dirão quando...

RHETICUS. Não. Poderão dizer o que quiserem, e ele nunca saberá.

GIESE. Que estão a dizer?

RHETICUS. Quase me alegro por ele não poder...

GIESE. Qual é a reação? Sabeis?

RHETICUS. Não é... tão má como ele pensava. Não é o que temia.

GIESE. Mas não é... boa?

RHETICUS. Ninguém está preparado para o que ele tinha a dizer. Os matemáticos, sei-o, estão felizes. Limitam-se a retirar, do livro, aquilo de que necessitam e a ignorar o resto.

GIESE. Ignorar?

RHETICUS. Passam por cima dessa parte.

GIESE. Não pensei que alguém *pudesse* ignorar uma ideia como essa.

Pausa.

GIESE. Mas vós acreditastes nele?

RHETICUS. Ele não tinha a verdadeira prova.

GIESE. Deus guarde a sua alma.

Pausa.

GIESE. Está tudo tão parado.

Pausa.

HETICUS. Está?

GIESE. Hã?

RHETICUS. Quero dizer, está parado? Ou está...?

GIESE. Que pensais?

RHETICUS. Por vezes, quando recordo como ele... Quando oiço a sua voz dentro da minha cabeça, juro, quase a sinto rodar.

Apagam-se as luzes. Fim.

TERCEIRA PARTE

Consequências

Uma geração passa, outra lhe sucede: mas a Terra subsiste sempre.
O Sol nasce e põe-se e apressa-se a voltar ao seu lugar,
donde volta a nascer.
O vento [...] gira, torna a girar continuamente e recomeça as suas idas e vindas.
Todos os rios entram no mar, e o mar não transborda.
Vão desaguar no lugar donde saíram, para tornarem a correr.
Todas as coisas se afadigam, mais do que se pode dizer.
A vista não se farta de ver, nem o ouvido se cansa de ouvir.
O que foi ainda será; o que foi feito far-se-á: não há nada de novo debaixo do Sol.

Eclesiastes 1:4-9

«Uma geração passa, outra lhe sucede: mas a Terra subsiste sempre.» Parece aqui que Salomão queria discutir com os astrónomos? Não; pelo contrário, queria alertar as pessoas para a sua própria mutabilidade, enquanto a Terra, o lar da raça humana, continua a ser sempre igual, o movimento do Sol regressa perpetuamente ao mesmo local, o vento sopra num círculo e regressa ao seu ponto de partida, os rios correm das suas nascentes para o mar, e do mar regressam às suas nascentes, e finalmente, quando essas pessoas morrem, outras nascem. A história da vida é sempre igual; não há nada de novo debaixo do Sol.
Aqui, não ouvis qualquer dogma físico. Trata-se de uma mensagem moral, relacionada com algo que é evidente por si só e visto por todos os olhos mas raramente alvo de reflexão. Logo, Salomão exorta-nos a refletir.

Johannes Kepler, *Astronomia nova*, 1609
(Tradução do latim para inglês por William H. Donahue)

CAPÍTULO 7

A Narratio Prima

Também é mais claro do que a luz do Sol que a esfera que transporta a Terra é, acertadamente, chamada a Grande Esfera. Se houve generais que receberam o cognome «Grande» devido a feitos coroados de êxito na guerra ou em conquistas de povos, certamente este círculo merecia que esse nome ilustre lhe fosse aplicado. Porque, quase sozinha, nos faz partilhar as leis do estado celestial, corrige os erros dos movimentos e devolve o seu estatuto a esta belíssima parte da filosofia.

GEORG JOACHIM RHETICUS, EXTRAÍDO DE *NARRATIO PRIMA*, 1540

Ninguém sabe o que o jovem Rheticus, brilhante e fervoroso, disse quando abordou o idoso e acossado Copérnico, em Frauenburg. Poderemos presumir, com alguma certeza, que não troçou da ideia da Terra em movimento. E talvez isso tenha sido o suficiente para fazer que Copérnico abrisse o seu manuscrito, havia muito arrumado na estante, ao visitante que se tornou o seu único aluno. O entusiasmo de Rheticus pela astrologia transpôs as barreiras de idade, visão do mundo e diferenças religiosas que bem poderiam ter separado os dois homens. Tal como Rheticus recordou, anos depois, a propósito do tempo que passaram juntos: «Impelido pela curiosidade juvenil... ansiava entrar, por assim dizer, no santo dos santos das estrelas. Consequentemente, no decurso desta pesquisa, por vezes tornei-me pura e simplesmente briguento com aquele que era o melhor e o maior dos homens, Copérnico. Mas ele continuava a deleitar-se com o desejo honesto da minha mente e, com mão suave, continuava a disciplinar-me e a incentivar-me.»

Nem ninguém sabe como é que a presença de Rheticus em Frauenburg escapou à ira – ou até à atenção – do bispo Dantiscus. Quer Copérnico, de início, tenha escondido intencionalmente o jovem, ou apenas ocultado a sua identidade, em breve o levou para fora da cidade.

Tal como Rheticus explicou a situação, mais tarde, numa carta a um amigo, «Tive uma pequena doença e, por honroso convite do Reverendíssimo Tiedemann Giese, bispo de Kulm, fui com o meu professor para Löbau e aí descansei dos meus estudos durante várias semanas». Uma vez fora de Varmia, Rheticus estava a salvo da perseguição religiosa. O pacífico Giese, que havia muito incitava Copérnico a publicar a sua teoria, deve ter ficado exultante ao saber dos laços entre o seu visitante e um respeitado impressor de textos científicos. Porque Rheticus trouxera, como oferta, três volumes encadernados a pele de porco branca, contendo uma coletânea de cinco títulos importantes de astronomia, três dos quais haviam sido impressos e ilustrados pelo eminente impressor Johannes Petreius de Nuremberga.

Quando chegou o final do verão de 1539, Rheticus aprendera o suficiente com Copérnico para escrever um resumo bem fundado das suas teses. Deu a esse resumo a forma de uma carta para outro mentor, Johann Schöner, um muito respeitado astrólogo, cartógrafo e fabricante de globos terrestres de Nuremberga – e, podemos presumir, a pessoa que inicialmente enviara Rheticus para junto de Copérnico.

«Ao ilustre Johann Schöner, bem como ao seu venerado pai, G. Joachim Rheticus apresenta saudações», começava o relatório. «A 14 de maio escrevi-vos uma carta de Posen em que vos informava de que iniciara uma viagem à Prússia e prometia comunicar, logo que pudesse, se a verdade correspondia ao que me fora relatado e às minhas próprias expectativas.» Explicava em seguida como a sua «doença» o desviara para Kulm, durante algum tempo. No entanto, ao fim de dez semanas de concentração, estava pronto para «expor, tão breve e claramente como posso, as opiniões do meu professor em relação aos tópicos que estudei».

Rheticus pode ter lido um exemplar do *Breve Esboço*, na biblioteca de Schöner, antes de visitar Copérnico, ou teria vindo apenas com uma ideia vaga da nova cosmologia. Agora, verificava que era uma das duas ou, no máximo, três pessoas em todo o mundo que haviam folheado todo o rascunho de *Das Revoluções*.

«O meu professor escreveu uma obra de seis livros», disse a Schöner, «na qual, imitando Ptolomeu, abrangeu toda a astronomia, avançando e provando as diferentes proposições matematicamente e pelo método geométrico». Enumerando os temas cobertos em cada uma das seis partes, Rheticus não disse nada sobre a que é considerada hoje em dia a carac-

O erudito Johann Schöner de Nuremberga, tal como foi pintado por Lucas Cranach, o Velho.

terística mais saliente da obra. Com efeito, manteve-se estranhamente silencioso em relação ao movimento da Terra até à página dezanove da sua longa descrição. Talvez soubesse que Schöner e outros leitores iriam achar risível uma Terra móvel e, por isso, evitou referi-la enquanto pôde. Ou é igualmente provável que considerasse mais importante um aspeto diferente da obra de Copérnico e, portanto, lhe tivesse dado preferência. Tratava-se da explicação da oitava esfera, ou de como a rotação diária do céu derivava lentamente para trás com o passar do tempo – o tema do desacordo entre Copérnico e Werner. Rheticus apresentou os resultados numéricos de Copérnico sem dizer que a esfera estrelada ficava estacionária no modelo coperniciano. Em vez disso, concentrou-se nos padrões temporais cíclicos que Copérnico identificara mediante observações do Sol e das estrelas. Segundo a ideia de Rheticus, esses ciclos longos coincidiam com pontos de viragem da história do mundo, e escolheu uma interpretação que acreditava que Schöner iria apreciar:

«Vemos que todos os reinos têm os seus inícios quando o centro do excêntrico [aqui, Rheticus refere-se a alterações a longo prazo na posição aparente do Sol] estava num ponto especial no círculo pequeno. Assim, quando a excentricidade do Sol estava no seu máximo, o governo romano tornou-se uma monarquia; à medida que a excentricidade diminuiu, Roma também declinou, como se devido ao envelhecimento, e depois caiu. Quando a excentricidade chegou ao limite e quadrante de valor médio, foi instituída a fé maometana; outro grande império ganhou vida e aumentou muito rapidamente, como a alteração da excentricidade. Daqui a cem anos, quando a excentricidade estiver no seu mínimo, também este império completará o seu período. No nosso tempo, está no seu ápice do qual com igual rapidez, se Deus quiser, cairá com um poderoso estrondo. Ansiamos pela vinda de Nosso Senhor Jesus Cristo quando o centro do excêntrico atingir o limite externo do valor médio, porque estava nessa posição quando da criação do mundo.»

Não havia a menor dúvida de que Rheticus encontrara precisamente aquilo que viera procurar: o tratado matemático de Copérnico, cuidadosamente elaborado, proporcionava uma base nova e firme para as mais importantes previsões da astrologia. Nada poderia prolongar a longevidade pessoal de Rheticus, é claro, mas ele acreditava que, durante a sua curta vida, ainda poderia moldar um destino e, inclusive, atingir a glória tirando Copérnico das sombras.

«Um mundo ilimitado na astronomia concedeu Deus ao meu sábio mestre», exclamou Rheticus, interrompendo a sua narrativa. «Que ele, como seu dirigente, se digne governá-lo, guardá-lo e aumentá-lo, para a restauração da verdade astronómica. Ámen.»

Em seguida, Rheticus gabou a Schöner como Copérnico solucionara o movimento da Lua sem esticar nem encolher o diâmetro lunar. Poderia falar-se com bastante facilidade sobre o movimento da Lua em volta da Terra sem referir o movimento desta. Só quando levantou a questão dos movimentos dos outros planetas é que Rheticus reconheceu que o centro do Universo poderia deslocar-se na nova imagem. E, quase de um só fôlego, defendeu a mudança: «Com efeito, há algo de divino na circunstância de uma compreensão segura dos fenómenos celestiais ter de estar apenas dependente dos movimentos regulares e uniformes do globo terrestre.»

O caminho a percorrer – isto é, a luta para convencer outros a aceitarem a sapiência de Copérnico – seria, reconhecidamente, difícil. Mas Rheticus empenhara-se nessa via e esperava que Schöner fizesse o mesmo.

«Por conseguinte concordais, penso, que os resultados a que as observações e as provas a que o próprio céu nos conduz repetidamente devem ser aceites e que todas as dificuldades devem ser enfrentadas e ultrapassadas com Deus como nosso guia e a matemática e o estudo incansável como nossos companheiros.» Até Ptolomeu, afirmava Rheticus, «caso lhe fosse permitido regressar à vida», aplaudiria esta «ciência bem fundada de fenómenos celestiais».

Rheticus mergulhou num frenesim de entusiasmo enquanto louvava os trabalhos de Copérnico. Achava quase inconcebível imaginar o peso de esforço que permitira ao seu professor tomar todos os diferentes fenómenos da astronomia e ligá-los «muito nobremente entre si, como que por meio de uma corrente de ouro». Durante o resto do seu relatório de sessenta e seis páginas (que tinha quase o dobro do *Breve Esboço* e da *Carta contra Werner*, juntos), Rheticus dirigiu-se diretamente a Schöner uma dúzia de vezes, como se pretendesse abaná-lo para o fazer acordar para a nova realidade: «Para vos permitir provar um pouco desta matéria, mui douto Schöner», «Deixai-me, de passagem, chamar a vossa atenção, mui douto Schöner», «Mas para que possais, mais rapidamente, entender todas estas ideias, mui douto Schöner», e assim por diante, conduzindo a um apelo final, apaixonado:

«Mui ilustre e mui douto Schöner, que sempre reverenciarei como a um pai, resta-vos acolher esta minha obra, tal como é, benigna e favoravelmente. Porque embora não ignore qual o fardo que os meus ombros podem suportar e qual o que se recusam a transportar, mesmo assim o vosso afeto sem paralelo e, por assim dizer, paternal em relação a mim impeliu-me a entrar neste céu sem o menor temor e a relatar-vos tudo o melhor que pude. Que Deus Todo-Poderoso e Misericordiosíssimo, rogo, considere o meu esforço digno de ser bem-sucedido e me permita levar a cabo o trabalho que empreendi, ao longo do caminho certo e até ao objetivo pretendido.»

Esta carta, se tivesse sido apenas uma carta, teria ficado por ali. Mas Giese, juntamente com Copérnico, esperava ver o relato de Rheticus publicado como um teste de aceitabilidade da teoria heliocêntrica e, portanto, o final assumiu necessariamente um aspeto político. Nas efusivas páginas finais, Rheticus cantava os louvores da Prússia.

«Poderia dizer-se que os edifícios e as fortificações são palácios e santuários de Apolo; que os jardins, os campos e toda a região são o deleite de Vénus, de modo que poderia ser chamada, com merecimento, Rodes.

E, mais ainda, a Prússia é a filha de Vénus, o que se torna claro se examinardes quer a fertilidade do solo quer a beleza e o encanto de todo o país.»

Rheticus louvou as florestas prussianas fervilhantes de gamos, corças, ursos, auroques, alces e bisontes; as colmeias, os pomares e as planícies; as coelheiras e as casas para pássaros; e os lagos, estanques e fontes que considerava «os pesqueiros dos deuses». Também citou as personagens célebres do país, fazendo uma respeitosa vénia ao «ilustre príncipe, Alberto, Duque da Prússia» e aquele «eloquente e sábio Bispo, o Reverendíssimo Johann Dantiscus».

Algures entre meados de maio de 1539, quando Rheticus chegou a Varmia, e 23 de setembro, a data em que concluiu o seu relatório, o bispo Dantiscus descobriu provavelmente a sua presença através da sua rede de informadores. Mas não tomou qualquer atitude legal. Talvez Giese tenha convencido Dantiscus do valor do professor visitante em termos de publicitar o trabalho de toda a vida do cónego Copérnico como uma honra para Varmia. Ou talvez o caso de Rheticus perdesse importância, aos olhos do bispo, em comparação com os «encontros» continuados entre Copérnico e Anna Schilling. Ela nunca abandonara a cidade, segundo os mexericos que Dantiscus ouvira do seu mais próximo aliado em Frauenburg, o preboste Pawel Plotowski. Neste caso, Giese intercedeu realmente por carta, implorando a Dantiscus que não acreditasse naqueles boatos infundados. No entanto, calúnias suplementares de Plotowski continuaram a inflamar a ira de Dantiscus.

«Na velhice», queixava-se Dantiscus, em relação a Copérnico, respondendo a Giese, «quase no fim do tempo que lhe foi concedido, dizem que ainda recebe a sua concubina frequentemente em encontros furtivos». Dantiscus rogou a Giese que argumentasse com Copérnico por conta dele, e que falasse como se ele, Giese, estivesse a dar a sua opinião pessoal. Escrevendo a informar Dantiscus, a 12 de setembro de 1539, Giese afirmou que repreendera Copérnico, conforme prometido, mas que o seu bom amigo negara todas as acusações perniciosas de Plotowski.

Para terminar as últimas páginas do seu relatório, Rheticus teceu um agradecimento elaborado a Giese pela sua bondade e gentileza, atribuindo ao prelado o mérito de ter servido de inspiração a Copérnico. «Sua Reverência dominava com total devoção o conjunto de virtudes e doutrina que São Paulo exigia num bispo. Compreendeu que se revestiria de uma importância substancial para a glória de Cristo se existisse um calendário adequado dos acontecimentos da Igreja e uma teoria e uma explicação corretas dos movimentos. Não parou de exortar o meu professor, cujos dotes e intuição conhecia havia muitos anos, a tomar em mãos este problema, até o ter persuadido a fazê-lo.» Esta hipótese, embora não seja documentada alhures, sugere que Giese se tornou uma inspiração de Copérnico ainda antes do nascimento da ideia heliocêntrica.

«Uma vez que o meu professor tinha uma natureza sociável», continuou Rheticus, «e viu que o mundo científico também precisava de uma melhoria dos movimentos, acedeu prontamente aos rogos do seu amigo, o reverendo prelado. Prometeu que elaboraria tabelas astronómicas com novas regras e que se o seu trabalho tivesse algum valor o não esconderia do mundo... Mas havia muito que tinha consciência de que, por direito próprio, as observações, de certo modo, exigiam hipóteses que iriam deitar por terra as ideias relativas à ordem dos movimentos e das esferas que haviam sido discutidas e promulgadas até então e que eram comummente aceites e consideradas verdadeiras; ademais, as hipóteses exigidas iriam contradizer os nossos sentidos».

Nos cornos do dilema, afirmou Rheticus, Copérnico decidira «elaborar tabelas com regras rigorosas mas sem provas». Isto é, apresentaria instruções para derivar as posições planetárias sem mencionar a sua fundamentação lógica complicada. Rheticus sabia sem dúvida, devido às semanas que passara na sua companhia, que Giese e Copérnico tinham chegado a um compromisso assim em 1535. O seu amigo Bernard Wapowski, destinatário da *Carta contra Werner*, visitara-os em Frauenburg no outono desse ano, enquanto Copérnico estava a terminar um tratado abreviado com um conjunto completo de tabelas. Wapowski levou consigo uma cópia desse tratado, quando do seu regresso a Cracóvia. Em outubro, tentou, através das suas ligações com o rei, mandar imprimir a obra em Viena, mas as negociações terminaram em novembro, com a morte de Wapowski.

«Então, Sua Reverência fez notar que uma obra assim seria uma dádiva incompleta ao mundo», continuou Rheticus, «a não ser que o meu professor apresentasse as razões para as suas tabelas e incluísse também, numa imitação de Ptolomeu, o sistema ou teoria e os fundamentos e provas em que se baseava». Assim surgira o livro de Copérnico. Embora, mais tarde, o autor o tivesse posto de lado, Giese nunca parara de fazer campanha pela sua publicação.

«Por meio destas e de muitas outras trocas de impressões, como soube através de amigos que sabiam de todo o caso, o douto prelado obteve do meu professor uma promessa de permitir que os académicos e a posteridade julgassem a sua obra. Por esse motivo, os homens de boa vontade e os estudiosos da matemática ficarão profundamente agradecidos a Sua Reverência, o bispo de Kulm, por ter apresentado esta proeza ao mundo.»

O outro protetor que Rheticus louvou sonoramente no final do seu relato foi Johann de Werden, o presidente da Câmara Municipal de Danzig. «Quando soube dos meus estudos, através de alguns amigos, não desdenhou de me cumprimentar, apesar de nada me distinguir, e de me convidar a encontrar-me com ele antes de abandonar a Prússia. Quando de tal informei o meu professor, ele alegrou-se por mim e fez um tal retrato do homem, que compreendi que estava a ser convidado, por assim dizer, pelo Aquiles de Homero. Porque, para além da sua distinção nas artes de guerra e paz, com o favor das musas também cultiva a música. Mediante a sua doce harmonia refresca e inspira o seu espírito a enfrentar e suportar o peso do cargo.»

Poderia pensar-se que Rheticus fora excessivo nas suas hipérboles, mas a sua exuberância abriu, à *Narratio Prima*, as portas da tipografia da cidade de Danzig, onde foi publicada no início de 1540. Mal as três primeiras folhas saíram do prelo, em março, um amigo e colega de escola de Rheticus enviou-as a Filipe Melanchton, para Wittenberg – prova daquilo a que Rheticus, nesse momento ausente da universidade havia quase dois anos, dedicara o seu tempo.

O frontispício da *Narratio Prima* não identificava o seu autor pelo nome, mas apenas como «um certo jovem».

AO MUI ILUSTRE CAVALHEIRO
SR. JOHANN SCHÖNER, RELATIVAMENTE
AOS LIVROS DAS REVOLUÇÕES
Do mui sábio Cavalheiro e
Mui distinto Matemático,
O venerado Doutor Senhor Nicolau
Copérnico de Torun, Cónego de
Varmia, por um certo jovem
Muito zeloso da
Matemática –
UM PRIMEIRO RELATO.

Rheticus, que incluíra inteligentemente o seu nome completo na saudação do primeiro parágrafo da *Narratio Prima*, podia permitir-se ser modesto no frontispício. Enviou exemplares do livro terminado a amigos e conhecidos que o tinham ajudado ao longo do tempo, começando, naturalmente, por Schöner.

Entre os primeiros aplausos que chegaram a Rheticus como resposta contava-se um bilhete congratulatório de Andreas Osiander, o teólogo luterano que iniciara a conversão do duque Alberto. À medida que outras cartas entusiásticas de estudiosos saudaram também a *Narratio Prima*, Rheticus apercebeu-se de que estava prestes a tornar-se famoso.

No entanto, segundo a perspetiva de Giese, a publicação da *Narratio Prima* apenas preparava o caminho para *Das Revoluções*. Queria que o talentoso Rheticus continuasse em Frauenburg e ajudasse Copérnico a preparar o extenso manuscrito para publicação. Cansado de usar estratagemas relativamente à residência ilegal de Rheticus em Varmia, Giese queria arranjar-lhe um novo protetor – especialmente depois de 15 de abril de 1540, quando o bispo Dantiscus aplicou o decreto antiprotestante do rei mandando retirar todos os súbditos de Varmia «dos locais envenenados do luteranismo herético» e exortando também à destruição de livros ou cantos luteranos que pudessem estar na posse de alguém, em Varmia. A 23 de abril, Giese enviou um exemplar da *Narratio Prima* para o duque Alberto, dirigida ao seu palácio de Königsberg. Escrevendo em alemão para apresentar o pequeno tratado em latim, Giese solicitava «que Vossa Principesca Eminência se digne olhar com bondade este convidado extremamente douto em virtude do seu grande conhecimento e arte, e conceder-lhe a vossa generosa proteção».

Rheticus, aparentemente, ficou sob a égide do duque pouco depois, porque continuou a residir lá. Excetuando um breve regresso a Wittenberg para proferir duas conferências, no final de 1540, Rheticus continuou a trabalhar ao lado de Copérnico. Juntos, reorganizaram e reescreveram várias partes de *Das Revoluções*. Reviram todas as demonstrações que descreviam os movimentos planetários e as instruções para derivar posições específicas em latitude e longitude celestial. Provavelmente, Rheticus ajudou nas medições que Copérnico fez durante o eclipse solar parcial que ocorreu sobre Frauenburg, a 7 de abril de 1540. Dezasseis meses depois, quando outro eclipse solar parcial foi presenciado na região, a 21 de agosto de 1541 – o quarto e último que Copérnico observou –, Rheticus ainda se encontrava a seu lado.

Com base em conversas havidas durante a sua longa intimidade, Rheticus escreveu a única biografia autorizada do seu professor. Giese louvou este retrato em prosa de Copérnico, mas, infelizmente, Rheticus nunca o publicou e o texto desapareceu.

Por muito que Rheticus temesse pela sua segurança ou sofresse de qualquer outra angústia durante os dias e as noites que passou em Varmia, confortou-se com os prazeres da nova astronomia. «Este e outros jogos semelhantes da Natureza», contou, «trazem-me amiúde um grande alívio nas vicissitudes flutuantes das minhas fortunas e acalmam gentilmente a minha mente perturbada».

Em agosto de 1540, vários meses depois do aparecimento da *Narratio Prima*, o perito impressor Petreius escreveu uma carta aberta a Rheticus e publicou-a como apêndice a um texto de astrologia que lançou. Petreius saudava Rheticus por ter viajado «para o canto mais afastado da Europa» para se encontrar com Copérnico, e por escrever uma tão «esplêndida descrição» do seu sistema. «Embora não siga o sistema comum segundo o qual estas coisas são ensinadas nas escolas, considero mesmo assim um tesouro glorioso se um dia, através do vosso incitamento, as suas observações nos forem transmitidas, como esperamos que venha a acontecer.» Este encorajamento equivalia a um *imprimatur* de Petreius. Uma tipografia preeminente – o principal impressor de Nuremberga – estava pronta para publicar *Das Revoluções*.

No entanto, Copérnico ainda não se comprometera a publicar, mas apenas a ensinar a Rheticus as complexidades da sua teoria. Dedicou um tempo considerável a instruir e proteger o seu novo discípulo, ao mesmo tempo que desempenhava os seus diversos deveres administrativos para o capítulo. Em setembro de 1540, registou em Roma o seu pedido oficial de um coadjutor. Tinha sessenta e sete anos e desejava ver o seu jovem parente de Danzig, Jan Loitz, um rapaz de doze anos, a receber preparação para assumir a sua conezia.

No âmbito da campanha para obter a proteção de Alberto para Rheticus, Copérnico oferecera-se para pôr a sua perspicácia médica ao serviço do duque, quando este o exigisse. Alberto arranjou uma ocasião para testar esta promessa em abril de 1541, quando lhe escreveu para dizer que «Deus Todo-poderoso e Sempiterno está a infligir a um dos meus conselheiros e subordinados um sofrimento e uma doença grave que não melhora». Nesse mesmo dia, 6 de abril, Alberto alertava também o capítulo de Varmia para a situação, na expectativa de que libertassem Copérnico para este fazer uma consulta domiciliária. O capítulo autorizou a 8 de abril, expressando a solidariedade de todos os cónegos e anunciando que Copérnico, «sem qualquer desculpa premente, na sua idade avançada», teria o maior prazer em aceder.

Copérnico partiu de imediato para Königsberg para fazer o que Alberto lhe pedia. Rheticus acompanhou-o, dado que dificilmente poderia ficar em Frauenburg sem o seu professor – ou desperdiçar a oportunidade de conhecer o seu patrono real. Pouco depois de os ter recebido, o duque Alberto informou o capítulo de que Copérnico iria precisar de ficar durante mais tempo à cabeceira da cama do conselheiro doente, «lembrando que é muito cristão e louvável, em tal caso, agir como um companheiro de sofrimento». Durante as três semanas em que Copérnico cuidou do inválido, trocou impressões, por carta, com o médico do rei, que se encontrava em Cracóvia. Nenhum dos médicos podia fazer grande coisa para proporcionar alívio ao paciente, mas pelo menos sobreviveu, e Alberto ficou grato por isso. Entretanto, Rheticus e Alberto exploravam os seus interesses mútuos, que incluíam a matemática, os mapas e a cartografia.

Cartas da Alemanha esperavam tanto Rheticus como Copérnico quando regressaram a Frauenburg, em maio. Andreas Osiander escrevera a cada um deles, individualmente, respondendo aos seus pedidos de conselho. O estatuto de Osiander como teólogo e também como matemático amador – e amigo do impressor Petreius – qualificavam-no, mais do que a ninguém, para dar uma opinião sobre como publicar o livro de Copérnico sem ofender sensibilidades religiosas ou aristotélicas. A Copérnico, sugeriu que escrevesse uma introdução esclarecendo que hipóteses matemáticas «não são artigos de fé mas sim bases de cálculo; de modo que, mesmo que sejam falsas, isso não tem importância, desde que reproduzam exatamente os fenómenos dos movimentos».

A Rheticus, escreveu: «Os peripatéticos e os teólogos serão aplacados prontamente se ouvirem que podem existir hipóteses diferentes para o mesmo movimento aparente; que as hipóteses presentes são avançadas, não porque sejam realmente verdadeiras, mas porque regulam o cálculo do movimento aparente e combinado tão convenientemente quanto se pode; que é possível que outrem elabore outras hipóteses; que um homem pode conceber um sistema adequado, e outro um ainda mais adequado, embora os dois sistemas produzam os mesmos fenómenos de movimento; que todos e cada um dos homens têm a liberdade de elaborar hipóteses mais convenientes; e que, caso sejam bem-sucedidos, deverão ser felicitados. Deste modo, serão desviados da defesa intransigente e atraídos pelos encantos da averiguação; em primeiro lugar, o seu antagonismo desaparecerá e, depois, procurarão a verdade, em vão, mediante os seus próprios dispositivos, e analisarão a opinião do autor.»

Uma reedição da popular *Narratio Prima* apareceu em Basileia, em 1541. Esta versão ostentava de forma proeminente o nome de Rheticus, no frontispício. Incluía também uma introdução de um velho amigo de família, o físico Achilles Pirmin Gasser, predizendo que o conteúdo que parecia «contrário» acabaria por fundar «um sistema verdadeiro de astronomia». Embora a reedição tenha chegado a um público mais vasto de matemáticos, o seu verdadeiro alvo parece ter sido o próprio Copérnico – para limar os últimos vestígios da sua relutância em publicar *Das Revoluções*. Gasser profetizou que o apoio à

Narratio Prima iria desencadear «uma torrente mais forte de pedidos» que chegaria ao autor «dessa obra rara e quase divina (cujo conteúdo é aqui esboçado)», e assim «implorando-lhe que permita a entrega de toda a sua obra a nós mediante a persistência, o esforço e a diligência incansáveis do meu amigo».

A torrente de pedidos seguiu-se rapidamente, com efeito. Até o próprio bispo Dantiscus recebeu uma carta incómoda do estrangeiro – de Gemma Frisius, o polímato e construtor de instrumentos que conhecera nos Países Baixos, durante os seus tempos de diplomata. «Urânia parece ter uma nova residência aí junto de vós, e criado novos adoradores que estão prestes a oferecer-nos uma nova Terra, um novo Sol, novas estrelas e, efetivamente, um mundo totalmente novo», escreveu Gemma. «Estou cheio de desejo de ver este assunto posto à nossa disposição. E, em toda a parte, há mais do que um punhado de homens eruditos cujas mentes o desejam não menos do que eu.» Dantiscus, que agora já se habituara à colaboração Rheticus-Copérnico, abandonou o seu ar de indulgência contrariada e juntou-se finalmente ao seu projeto, com entusiasmo. Em junho de 1541, depois de se ter encontrado pessoalmente com Copérnico em Braunsberg, Dantiscus escreveu versos que deveriam ser usados como uma introdução à obra em elaboração.

«Recebi a muito bondosa e mui amiga carta de Vossa Excelência Reverendíssima», respondeu Copérnico. «Juntamente com ela dignastes-vos também transmitir um epigrama verdadeiramente elegante e relevante para o leitor do meu livro.» Copérnico prometeu colocar o poema «em lugar de destaque da minha obra, desde que esta seja digna de merecer ser tão altamente embelezada por Vossa Excelência Reverendíssima. No entanto, pessoas que sabem mais do que eu, e que deveria ouvir, dizem repetidamente que a minha obra não é insignificante». No preciso momento em que se reunia com Rheticus, ao longo do verão, para rever e expandir mais o texto, continuava a sentir escrúpulos em publicar.

A rapsódia do bispo perde, sem dúvida, muito na tradução, mas diz a dada altura:

Estes escritos mostram-vos o caminho para os céus,
Se quiserdes compreender com a vossa mente os limites
Onde o muito belo Universo expande os seus imensos espaços,
Ou a região dos céus onde os planetas vagueiam,
E as mudanças que as suas rotas perpétuas sofrem...

Rheticus, ele próprio um antigo poeta e membro de um círculo de poetas em Wittenberg, não comentou. Com o bispo finalmente no seu campo, continuou a cortejar o duque. Em agosto de 1541, enviou a Alberto um exemplar de um folheto que escrevera sobre cartografia, em alemão, chamado *Corografia*. No dia seguinte enviou outra oferta – muito provavelmente um gnómon, um instrumento que projetava sombras para medir a extensão dos dias – juntamente com uma carta pedindo um favor. Chegara o momento de regressar a Wittenberg e não tinha, de modo algum, a certeza de que tipo de receção o aguardava lá. Uma palavra do duque garantiria a sua readmissão na faculdade e também lhe proporcionaria tempo para acompanhar a produção do livro de Copérnico. Alberto ditou amavelmente uma carta, a 1 de setembro, a ser enviada ao eleitor da Saxónia, João, *o Magnânimo*, com uma cópia para a administração da universidade.

«Nobre príncipe, querido e amado tio e cunhado», chamava Alberto a João. «O nosso particularmente querido Georg Joachim Rheticus, professor de matemática em Wittenberg, passou algum tempo honradamente e bem nestas terras da Prússia. Continuou também a sua ciência de astronomia etc., da mesma forma com a graça e a ajuda divinas... Assim sendo, é nosso pedido amistoso a Vossa Alteza que, em reconhecimento dos seus conhecimentos, capacidade e valor, queirais validar e confirmá-lo na referida cátedra que anteriormente detinha em Wittenberg. Podereis também querer, generosamente, autorizar e permitir que se desloque durante um tempo, sem interrupção do seu salário de professor, para que possa levar a cabo o trabalho que pretende realizar no local onde decidiu mandar imprimir o seu livro. Em consideração a nós, podereis querer mostrar-lhe e manifestar-lhe toda a bondosa e benéfica boa vontade, de que não duvidamos.»

Assim armado, Rheticus empacotou uma bela cópia do manuscrito de Copérnico e despediu-se do seu professor. Cada um deles sabia que não voltaria a ver o outro, e as suas emoções, ao despedirem-se, misturavam talvez o desgosto com um pouco de alívio.

«No momento da minha partida», recordou Rheticus, mais tarde, «o ilustre ancião encarregou-me solenemente de continuar e terminar aquilo que ele, impedido pela velhice e pela morte iminente, não podia terminar pessoalmente». Noutro contexto, escreveu: «Não houve uma felicidade humana maior do que a minha relação com um homem e sábio tão excelente como ele.»

Quando Rheticus regressou a Wittenberg, em outubro, a universidade nomeou-o de imediato decano da Faculdade de Letras. Era provavelmente um cargo ingrato, tal como ainda o é nos nossos dias, e sobrecarregava-o com responsabilidades que retardavam o seu calendário de publicação. Ganhou também um novo epíteto, «Joachim Heliopolitanus», ou «aquele que vem da Cidade do Sol». Menos um cumprimento do que uma leve condenação da cosmologia que adotara, o título fazia eco de um comentário anticoperniciano que Martinho Lutero deixara cair, propositadamente, ao almoço, um dia.

«Agora, as coisas são assim», alguém ouvira o grande reformador comentar. «Quem quer que queira ser esperto tem de concordar com nada do que outros consideram. Tem de fazer algo pessoal. É o que faz aquele tipo que pretende virar toda a astrologia de pernas para o ar. Mesmo nestas coisas que são atiradas para a desordem acredito na Sagrada Escritura, porque Josué ordenou ao Sol que se imobilizasse e não à Terra.»

Noutro jantar era recordado Lutero a chamar «louco» a Copérnico, e talvez tenha usado essa palavra, apesar de todas as «Conversas à Mesa» serem boatos. Por outro lado, Melanchton escreveu uma carta, em outubro de 1541, em que expressava a sua irritação com «o astrónomo polaco que faz mover a Terra e imobiliza o Sol».

Entre deveres de ensino e a presidência de cerimónias de formatura, em fevereiro e abril, Rheticus não conseguiu afastar-se para levar o manuscrito de Copérnico a Nuremberga. Talvez por frustração, selecionou dois capítulos que tratavam de aspetos técnicos da geometria, chamou-lhes *De lateribus et angulis triangulorum,* e publicou-os em Wittenberg, em 1542, atribuindo a autoria ao «mui ilustre e mui douto senhor Nicolau Copérnico». No início deste livro, incluiu – ou melhor, descarregou – o poema de Dantiscus, sem atribuição de autoria.

Foi apenas no início de maio de 1542, após o seu mandato de decano ter terminado, que Rheticus chegou a Nuremberga para entregar o grosso do manuscrito copiado a Petreius. A impressão começou de imediato. No final do mês, Rheticus já corrigira os dois primeiros cadernos, de oito páginas cada. Em agosto, com as coisas a avançarem a bom ritmo, refletiu sobre a sua aventura em Frauenburg: «Não me arrependo da despesa, nem da longa viagem, nem de qualquer outra dificuldade. Pelo contrário, sinto que obtive uma grande recompensa, a saber, que eu, um jovem bastante ousado, levei este homem venerável a partilhar mais cedo, com todo o mundo, as suas ideias nesta disciplina. E todas as mentes eruditas concordarão com a minha avaliação dessas teorias, mal os livros que agora temos no prelo em Nuremberga sejam publicados.»

CAPÍTULO 8

Das Revoluções dos Corpos Celestes

Confesso que exporei muitas coisas diferentemente dos meus antecessores, embora o vá fazer graças a eles, e com a sua ajuda, porque foram eles quem abriu pela primeira vez a estrada da investigação destas mesmas questões.

DA INTRODUÇÃO DE COPÉRNICO AO LIVRO I, *DAS REVOLUÇÕES DOS CORPOS CELESTES*, 1543

Sozinho de novo com os seus medos do ridículo, após a partida de Rheticus, Copérnico andou numa azáfama com o seu manuscrito original. Rabiscou anotações nas margens relacionadas com alguns pensamentos novos e correções. Sentia graves apreensões quanto aos capítulos sobre Mercúrio nos Livros V e VI. As próprias observações que Rheticus trouxera de Schöner revelavam-se grandemente inúteis para adaptar a órbita de Mercúrio ao seu sistema, e Copérnico acabou com uma adaptação desajeitada do modelo de Ptolomeu para o planeta mais interior.

Em meados de junho de 1542, o papa Paulo III aprovou a escolha do jovem Jan Loitz para coadjutor de Copérnico. A notícia, sob a forma de uma bula papal, demorou todavia vários meses a chegar a Varmia e, entretanto, Copérnico redigiu uma nova carta para Sua Santidade, sobre um assunto diferente. Embora tenha endereçado claramente a carta ao papa Paulo, no Vaticano, enviou o rascunho final a Rheticus, ao cuidado de Petreius em Nuremberga, para servir de dedicatória de *Das Revoluções*.

«Posso imaginar facilmente, Santo Padre», começou, «que mal algumas pessoas ouvirem como, neste volume, que escrevi sobre as revoluções das esferas do Universo, atribuo determinados movimentos ao globo terrestre, gritarão de imediato para que eu e a minha opinião sejamos expulsos do palco sob vaias». A sua relutância em relação a publicar nunca desaparecera totalmente. Mesmo então, confessava, apenas acedera a publicar a sua obra devido aos apelos repetidos de amigos insistentes.

«Exortaram-me a não me recusar mais, por causa do medo que sentia, a pôr a minha obra à disposição dos alunos de astrologia, para seu uso geral. Quanto mais louca parecesse agora a minha teoria à maior parte das pessoas, argumentavam, maiores seriam a admiração e os agradecimentos que obteria depois de a publicação dos meus escritos ter dissipado o nevoeiro do absurdo por meio de provas cheias de luz.»

Copérnico não registou, em parte alguma, as circunstâncias da sua decisão de dedicar o livro ao papa Paulo. Não existem quaisquer bilhetes de Giese, Dantiscus ou quaisquer outros dignitários que insinuem sequer de que modo surgiu a ideia ou como obtiveram autorização da cúria papal. Sua Santidade Paulo III, de seu nome de batismo Alessandro Farnese, não possuía qualquer conhecimento pessoal de matemática, mas expressava o seu interesse nos usos dessa ciência através da utilização, a tempo integral, de um astrónomo célebre, Luca Gaurico. Em 1534, como agradecimento a Gaurico por ter predito a ascensão de Paulo ao trono de São Pedro, o novo papa convidara o seu astrólogo preferido para Roma e nomeara-o bispo.

Copérnico atribuía a Paulo pelo menos um conhecimento parcial dos movimentos das esferas celestes. Na carta de dedicatória, guiara rapidamente o Santo Padre através das homocêntricas, das excêntricas e dos epiciclos, todos eles insatisfatórios, que não haviam conseguido produzir «a estrutura do Universo e a verdadeira simetria das suas partes».

«Após longa reflexão», continuou, «comecei a ficar incomodado por os movimentos da máquina do mundo, criada por nossa causa pelo melhor e mais sistemático de todos os Artesãos, não serem compreendidos com maior certeza pelos filósofos». Copérnico contornara as escolas de astronomia, disse, para reler toda a filosofia. Nas páginas de Cícero e de Plutarco, encontrara referências àqueles poucos pensamentos que ousavam mover a Terra «contra a opinião tradicional dos astrónomos e quase contra o senso comum». (Ainda não sabia nada do plano de movimentação da Terra de Aristarco, que ainda não fora levado ao conhecimento do público latino.)

Alessandro Farnese,
eleito papa Paulo III em 1534,
num retrato de Ticiano.

«Portanto, também eu comecei a considerar a mobilidade da Terra. E apesar de a ideia parecer absurda, sabia mesmo assim que a outros antes de mim fora concedida a liberdade de imaginar.»

Assim liberto, correlacionara todos os movimentos celestes, como estava confirmado no volume em presença, cujo conteúdo resumia antes de depor a obra aos pés do papa.

«Para que tanto os cultos como os não cultos possam ver que não fujo ao julgamento, preferi dedicar estes resultados do meu estudo noturno a Vossa Santidade e não a qualquer outra pessoa. Porque até mesmo neste muito recuado canto da Terra onde vivo, sois considerado a mais elevada autoridade em virtude da eminência do vosso cargo e do vosso amor por toda a literatura e inclusive pela matemática.»

Com essas afirmações como preâmbulo, chegou à necessidade real de proteção papal: «Talvez venham a surgir faladores que afirmem ser juízes da astronomia apesar de totalmente ignorantes na matéria e, distorcendo maldosamente uma ou outra passagem das Escrituras de modo a servir os seus fins, ousem considerar errada a minha obra e censurá-la.» Ele e Rheticus haviam discutido, frequentemente, esta possibilidade, com Giese. Anteviam como a ordem de Josué para que o Sol se imobilizasse poderia ser esgrimida contra Copérnico para provar o movimento do Sol e, desse modo, destruir todo o seu edifício teórico. Ou a crítica poderia envolver-se na proclamação, no Salmo 93, de que os fundamentos da Terra ficarão imutáveis para sempre – ou o relato do Eclesiastes de como o Sol se desloca do levante para o ocaso e depois se apressa a regressar ao lugar onde se levanta. Tendo em vista a probabilidade de um tal ataque bíblico, Rheticus preparara um folheto no qual retificava a Sagrada Escritura com o ideal coperniciano, mas ainda não o publicara. Mesmo que a defesa de Rheticus aparecesse impressa, não poderia nunca ter um poder semelhante ao de uma única palavra do papa.

«A astronomia é escrita para os astrónomos», afirmava Copérnico no final da carta de dedicatória, pela simples razão de que só eles poderão acompanhar as provas matemáticas. O mesmíssimo público de astrónomos lembrará os esforços de Leão X e do Concílio de Latrão para reformar o calendário eclesiástico. Lembrarão como falhara a tentativa por falta de uma medida adequada dos «comprimentos do ano e do mês e dos movimentos do Sol e da Lua». Desde esse tempo, dizia Copérnico, «dirigi a minha atenção para um estudo mais preciso desses temas. Mas o que consegui, no que a tal se refere, deixo-o ao julgamento de Vossa Santidade, em particular, e de todos os outros doutos astrónomos. E para que não pareça prometer mais quanto à utilidade deste volume do que aquilo que posso cumprir, volto-me agora para a obra em si».

No momento em que Copérnico terminou esta dedicatória, em junho de 1542, os primeiros capítulos do texto composto – os capítulos 1 a 6 do Livro I – chegaram a Frauenburg para serem examinados por ele. Tinham muito bom aspeto. Petreius escolhera um tipo romano atraente, com grandes maiúsculas iniciais, elegantemente decoradas pelo distinto artista de Nuremberga Hans Sebald Beham a abrir cada capítulo. A única figura geométrica nestas passagens introdutórias aparecia nítida e límpida – uma prova de que o impressor contratara gravadores habilidosos para criarem as xilogravuras dos 142 diagramas necessários. Petreius oferecera-se para absorver este e outros custos de produção, nomeadamente mais de uma centena de resmas de papel com a marca de água *P* para imprimir as várias centenas de exemplares da obra que estavam previstas. Mesmo assim, Copérnico não pôde deixar de encontrar alguns lapsos que queria corrigir, e que comunicou na volta do correio. Embora Petreius não pudesse suspender a progressão para reimprimir todas as páginas que Copérnico emendava, anotou muitas das alterações do autor numa folha de errata impressa mais tarde.

Ao desenhar as diversas esferas dos planetas com um compasso, Copérnico fez, inadvertidamente, um pequeno buraco nesta página do seu exemplar manuscrito de *Das Revoluções*.

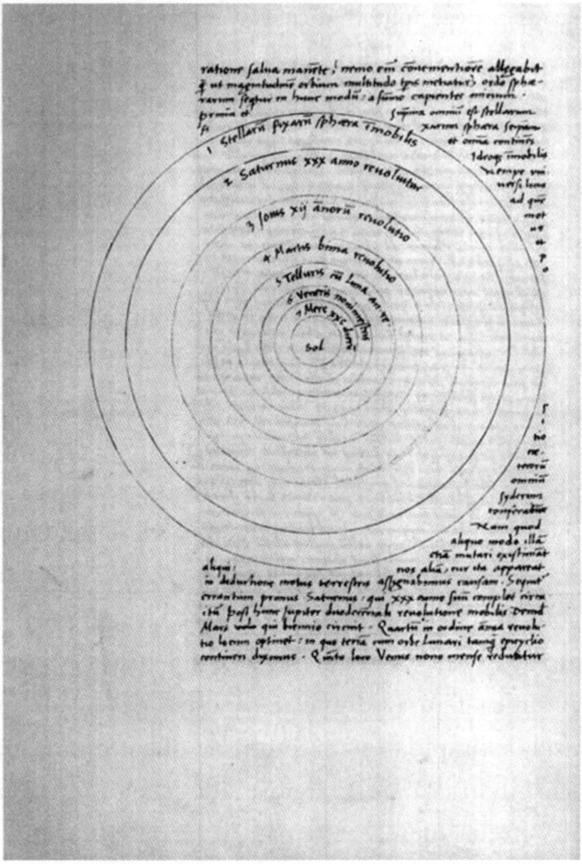

Ao desenhar as diversas esferas dos planetas com um compasso, Copérnico fez, inadvertidamente, um pequeno buraco nesta página do seu exemplar manuscrito de Das Revoluções.

Rheticus rondava o prelo, fazendo revisão de provas. Pode muito bem não ter sido um trabalho verdadeiramente a tempo inteiro, porque a sua leitura levava muito menos tempo do que o necessário para os tipos serem inseridos e tintados na grande placa lisa, o papel colocado e impresso e as folhas duplas dependuradas para secarem dos dois lados.

O ritmo lento de impressão, talvez duas páginas por dia, ainda mais demorado pela espera pelas xilogravuras e outros atrasos, permitiu a Rheticus algumas semanas de férias, nesse verão. Duas visitas a familiares e amigos em Feldkirch e imediações, uma no início de junho e outra em setembro, mal o desviaram do seu dever para com *Das Revoluções*. E também não negligenciou a sua responsabilidade principal quando preparou duas das suas recentes orações de formatura para publicação por Petreius, em agosto.

No entanto, o tempo que Rheticus dedicou a negociar uma nova colocação como professor – e o seu êxito nesse campo – pôs um termo abrupto à sua carreira como revisor tipográfico de Copérnico. Em meados de outubro, com menos de metade do livro feita, deixou Nuremberga para aceitar a cátedra de matemática superior na Universidade de Leipzig, a trezentos e vinte quilómetros da tipografia. Embora, anteriormente, Rheticus tivesse ensinado matemática inferior, ou rudimentar, em Wittenberg, agora iria dar aulas de astronomia avançada. Também obteve um grande ganho financeiro em relação ao seu salário anterior. Os registos da Universidade de Leipzig relativos ao ano de 1542 afirmam que, quando Rheticus recusou o salário normal de professor de 100 florins por ano, as autoridades aumentaram a oferta para 140 para o aliciarem.

Embora não tenha sobrevivido correspondência entre Rheticus e Copérnico relativa a esta (ou qualquer outra) ocasião, parece provável que o discípulo tivesse informado o seu professor de que se mudara e transmitira a responsabilidade pela revisão de provas a outra pessoa – na verdade, a Andreas Osiander.

Osiander tinha uma história com Rheticus e Copérnico. As suas cartas do ano anterior indiciavam grande interesse pela sua tarefa de impressão, embora as suas crenças religiosas falseassem a sua opinião relativamente a todos os modelos e hipóteses astrológicos. Como lhes dissera, diversos conjuntos de conjeturas rivais poderiam explicar os movimentos celestes observados, mas só a revelação divina podia determinar que conjunto, se é que algum, correspondia verdadeiramente à realidade. E assim, uma vez que era impossível saber a verdade, um astrónomo deveria coibir-se de insultar outro insistindo que revelara o verdadeiro funcionamento das esferas celestiais.

Osiander também tinha ligações com *Das Revoluções* através de Petreius, que era seu conhecido havia alguns anos. Petreius publicara alguns dos sermões de Osiander e, ocasionalmente, recorria aos seus serviços como editor e também como revisor de provas. Não é claro se foi Rheticus ou Petreius quem escolheu Osiander para ocupar o lugar vago, embora pudessem muito bem partilhar a mesma boa opinião quanto às suas qualificações.

Copérnico continuou a receber conjuntos de páginas da tipografia durante todo este tempo, embora, a partir de novembro de 1542, já não pudesse lê-los nem comentá-los. No final do outono, aos sessenta e nove anos, sofreu uma hemorragia cerebral que lhe afetou a memória, o privou da fala e lhe paralisou o lado direito do corpo. O seu amigo Jerzy Donner, que ingressara no capítulo como cónego dois anos antes, alertou Giese.

«Fiquei chocado com o que escrevestes sobre a saúde deteriorada do venerável ancião, o nosso Copérnico», respondeu Giese, a 8 de dezembro de 1542. «Tal como amava a privacidade quando a sua constituição era saudável, assim, penso, agora que está doente, há um punhado de amigos que se sentem afetados pelo seu estado de saúde. Logo, peço-vos... o favor de o vigiardes e cuidardes do homem que sempre acarinhastes juntamente comigo. Não permitais que fique privado de ajuda fraterna nesta emergência.»

No final de dezembro, quando a notícia da doença de Copérnico chegou aos seus parentes de Danzig, o pai de Jan Loitz lembrou ao bispo Dantiscus que o rapaz estava pronto para tomar posse da décima quarta conezia de Varmia – a conezia de Copérnico – logo que Roma aprovasse.

Andreas Osiander, ministro da Igreja de São Lourenço em Nuremberga.

O cónego Fabian Emerich, o médico substituto do capítulo, considerou que não havia possibilidades de cura. Copérnico pouco mais podia fazer do que ficar na cama, e quase não comia. Acompanhado por Donner durante o inverno e a primavera, Copérnico foi decaindo gradualmente, alternando os períodos de consciência e de inconsciência até ao início de maio, quando deixou de acordar e adormecer e ficou continuamente adormecido. A 24 de maio de 1543, as páginas finais do seu livro chegaram de Nuremberga. Donner levou-as até à cama do inválido, pôs-lhas entre as mãos e, no momento imediato, viu que a vida o abandonava – como se Copérnico se tivesse aguentado durante todos aqueles meses só para ver as coisas concluídas e agora pudesse partir.

Enterraram-no, como era costume, no solo arenoso sob a catedral, algures perto do seu próprio altar. Nenhuma marca ou epitáfio assinalou o local exato onde repousava, mas também era esse o costume.

O testamento repartia as suas poupanças, quinhentos marcos, entre os filhos das suas sobrinhas – as filhas de Katyryna, casadas havia muito e também com vários filhos. Se acumulara uma maior fortuna ao longo dos anos, deve tê-la doado antes de ficar doente. Deixou os seus textos médicos a Emerich, e os seus outros livros à biblioteca do capítulo. O seu próprio livro, o seu único legado duradouro, estava agora órfão.

Os últimos cadernos de *Das Revoluções* que chegaram a Copérnico continham as primeiras páginas, nomeadamente o frontispício, que identificava o autor, sem fanfarra, como «Nicolau Copérnico de Torun». Após uma vida passada em Varmia, ainda continuava a pertencer à cidade natal, enquanto a sua obra, *Seis Livros sobre as Revoluções dos Corpos Celestes*, vinha ao mundo (como atesta o fundo da página) através da tipografia de Johannes Petreius, Nuremberga, 1543. Sobre o seu nome, o impressor colocara uma saudação – e um aviso – ao público potencial. «Tendes nesta obra recente, leitor estudioso», anunciava Petreius, «o movimento tanto das estrelas fixas como dos planetas, restabelecido com base em observações tanto antigas como recentes, e equipado também com novas e maravilhosas hipóteses. Tendes também as mais expeditas tabelas, com base nas quais podereis calcular esses movimentos, com a máxima facilidade, para toda e qualquer ocasião. Portanto, comprai, lede e aproveitai».

A linha imediatamente a seguir parecia um alerta em grego: «Não deixeis entrar aqui ninguém sem formação em geometria.» Esta máxima, que pretensamente se encontrava sobre o portão da Academia de Platão, reiterava a afirmação do próprio Copérnico de que a matemática era escrita para os matemáticos.

Ao virarem o frontispício, os leitores corajosos encontravam outra advertência, sob o título «Ao Leitor Relativamente à Hipótese desta Obra». Esta nota reconhecia anonimamente o clamor que rodeava a publicação do livro em apreço:

«Já houve amplos comentários acerca da hipótese nova desta obra, que afirma que a Terra se desloca enquanto o Sol se encontra em repouso no centro do Universo. Por esse motivo, determinados estudiosos, não tenho a menor dúvida, estão profundamente ofendidos e creem que as artes liberais, que foram estabelecidas há muito com uma base sólida, não deveriam ser lançadas na confusão. Mas se esses homens estiverem dispostos a examinar a matéria mais de perto, descobrirão que o autor desta obra não fez nada digno de censura. Pois é dever de um astrónomo ordenar a história dos movimentos celestes mediante um estudo cuidadoso e sapiente. Depois, tem de conceber e discernir as causas desses movimentos ou hipóteses sobre eles. Uma vez que não pode, de modo algum, chegar às causas verdadeiras, adotará todas as suposições que permitam que os movimentos sejam calculados corretamente a partir dos princípios da geometria, tanto para o futuro como para o passado. O presente autor desempenhou esses dois deveres de uma forma excelente. Porque essas hipóteses não precisam de ser verdadeiras e, nem sequer, prováveis. Pelo contrário, se proporcionarem um cálculo consistente com a observação, isso é, por si só, suficiente.»

Seguia-se um tropo familiar: «E se quaisquer causas forem criadas pela imaginação, como efetivamente acontece com muitas, não são apresentadas para convencer quem quer que seja de que são verdadeiras, mas apenas para proporcionar uma base fiável para o cálculo. No entanto, uma vez que hipóteses diferentes são apresentadas por vezes para um único movimento... o astrónomo tomará como sua primeira escolha aquela hipótese que for de mais fácil compreensão. O filósofo preferirá procurar talvez uma semelhança da verdade. Mas nenhum deles compreenderá ou afirmará algo certo, a não ser que lhe tenha sido divinamente revelado.»

Alguns leitores partiram do princípio de que essas palavras eram do próprio Copérnico. Outros reconheceram-nas como a voz de outrem, mas foi-lhes deixado o encargo de adivinharem a sua identidade enquanto continuavam a leitura.

«Portanto, lado a lado com as antigas hipóteses, que não são mais prováveis, permitamos que estas novas hipóteses também se tornem conhecidas, especialmente porque são admiráveis e também simples e trazem com elas um enorme acervo de observações muito engenhosas. No que se refere a hipóteses, que ninguém espere algo certo da astronomia, que não pode proporcioná-las, não vá aceitar como verdade ideias concebidas para outro fim, e sair deste estudo mais néscio do quando nele entrou. Adeus.»

Embora o próprio Copérnico tivesse, finalmente, libertado a sua visão da «composição de movimentos das esferas do mundo», este preâmbulo anónimo reduzia o seu esforço ao estatuto de uma ajuda interessante e meritória para os cálculos, sem qualquer relação com a realidade.

CAPÍTULO 9

A Edição de Basileia

Qualquer pessoa poderá perguntar-se, com justiça,
como é que a partir das hipóteses tão absurdas de Copérnico,
que colidem com a concordância e o raciocínio universais,
se pode gerar um cálculo tão exato.

ANOTAÇÃO MANUSCRITA ANÓNIMA NUM
DOS PRIMEIROS EXEMPLARES DE *DAS REVOLUÇÕES*

Quando Rheticus recebeu o livro acabado do seu professor – quando se apercebeu de que Osiander acabara por levar a sua avante em relação a ele – ameaçou «descompor tanto o tipo, que ele nunca mais se meteria nas coisas dos outros e não ousaria voltar a mutilar astrónomos, no futuro». Mas não podia provar a cumplicidade de Osiander nem negar a sua. Caso tivesse ficado na tipografia, poderia ter evitado esse resultado. E portanto, com uma raiva que era tanto dirigida para dentro como para fora, Rheticus desfigurou vários exemplares do livro que lhe vieram parar às mãos. Em primeiro lugar, riscou parte do título com um lápis vermelho, dando a entender que «os Corpos Celestes» fora incluído erradamente como uma adenda não autorizada ao pretendido *Das Revoluções* – possivelmente para desviar a atenção do movimento da Terra. Em seguida, Rheticus traçou um grande *X* vermelho sobre toda a nota anónima «Ao Leitor». No entanto, o corte a lápis não escondia a passagem aviltante. Giese ainda conseguiu lê-la totalmente nos dois exemplares do livro que Rheticus lhe enviou, que descobriu à sua espera em Kulm, envolvidos na notícia da morte de Copérnico, quando regressou a casa, vindo das celebrações do casamento do príncipe herdeiro Segismundo Augusto com a arquiduquesa Isabel de Áustria.

«Quando do meu regresso do casamento real em Cracóvia, encontrei os dois exemplares, que me havíeis enviado, do tratado impresso recentemente do nosso Copérnico. Não soubera da sua morte antes de chegar à Prússia. Poderia ter contrabalançado o meu desgosto pela perda desse mui grande homem, nosso irmão, lendo o seu livro, que parecia trazê-lo de volta à vida para mim. No entanto, logo no limiar, apercebi-me da má-fé e, como corretamente a classificais, da traição daquele impressor, e a minha ira quase suplantou o meu desgosto anterior.»

Giese não conseguia determinar se deveria atribuir-se a culpa a Petreius ou a alguém que trabalhava sob as suas ordens – uma «pessoa invejosa» que temia que o livro de Copérnico obtivesse a fama que merecia, forçando assim os matemáticos a abandonarem as suas teorias anteriores. Mesmo assim, Giese insistia em que a culpa recaísse sobre Petreius e que este fosse punido pelo seu crime.

«Escrevi ao Senado de Nuremberga, sugerindo o que pensava que deve ser feito para restabelecer a fé no autor. Vou enviar-vos a carta, juntamente com uma cópia da mesma, para vos permitir decidir como deveria ser gerido o caso. Porque não vejo ninguém mais bem equipado ou mais desejoso do que vós de levar esta questão ao Senado. Fostes vós que desempenhastes o papel principal na representação do drama, de modo que agora o interesse do autor parece não ser maior do que o vosso na restauração desta obra, que foi distorcida.»

Giese exortou Rheticus a exigir que as primeiras páginas fossem impressas de novo e a incluir uma nova introdução de Rheticus, para «limpar a nódoa do sofisma».

«Gostaria também de ver, nas páginas iniciais, a biografia do autor elegantemente escrita por vós, que uma vez li», disse Giese. «Penso que nada falta à vossa narrativa a não ser a sua morte, a 24 de maio. Foi provocada por uma hemorragia e subsequente paralisia do lado direito, tendo a sua memória e a sua agudeza mental sido perdidas muito antes. Só viu o seu tratado antes de exalar o último suspiro, no dia do seu falecimento.»

Giese sugeriu que Rheticus incorporasse também na nova introdução «o vosso pequeno folheto, no qual de uma forma perfeitamente correta defendíeis o movimento da Terra de estar em conflito com a Sagrada Escritura. Deste modo, enchereis o volume até um tamanho adequado e reparareis também a injúria de o vosso professor vos não ter referido no seu Prefácio».

O prefácio de Copérnico, já que estava dirigido ao papa Paulo III, dificilmente poderia ter reconhecido o seu assistente luterano. Mas Giese acabara de se ver referido, no prefácio, como o amigo que vencera a relutância de Copérnico em relação a publicar, e deve ter-se sentido envergonhado ao receber a parte de leão do mérito pelo que, na verdade, fora um ato de Rheticus. «Não ignoro», lembrou a Rheticus, «quanto costumava valorizar a vossa atividade e diligência a ajudá-lo... Não é segredo quanto todos nós vos devemos por esse zelo». Não era segredo e, no entanto, Rheticus permaneceu no anonimato enquanto o prefácio gabava Giese como «um homem que me quer profundamente, um estudante atento de textos sagrados bem como de toda a boa literatura», que «repetidamente me incentivou e, por vezes juntando censuras, me suplicou urgentemente que publicasse este volume e, finalmente, permitisse o seu aparecimento». O prefácio agradecia apenas a outra pessoa referindo o seu nome – o então falecido cardeal de Cápua, Nikolaus Schönberg, cuja carta laudatória assinada, de 1536, fora exumada dos arquivos de

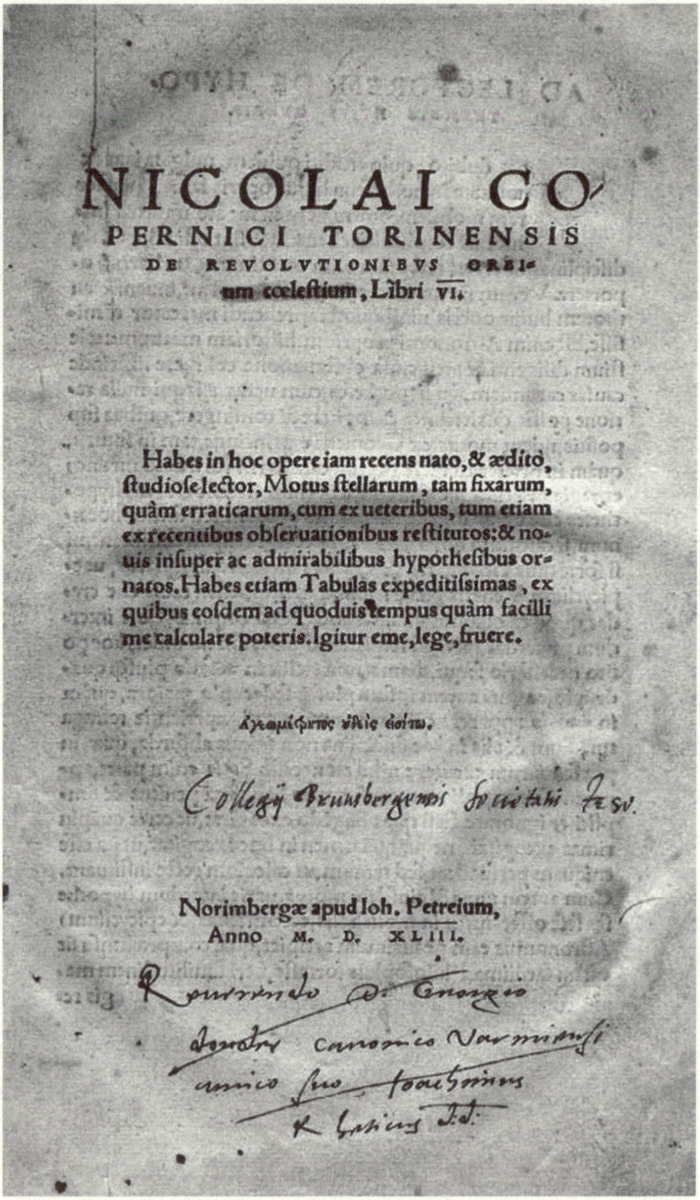

NICOLAI CO-
PERNICI TORINENSIS
DE REVOLVTIONIBVS ORBI-
um cœlestium, Libri VI.

Habes in hoc opere iam recens nato, & ædito, studiose lector, Motus stellarum, tam fixarum, quàm erraticarum, cum ex ueteribus, tum etiam ex recentibus obseruationibus restitutos: & nouis insuper ac admirabilibus hypothesibus ornatos. Habes etiam Tabulas expeditissimas, ex quibus eosdem ad quoduis tempus quàm facillime calculare poteris. Igitur eme, lege, fruere.

ἀγεωμέτρητος οὐδεὶς εἰσίτω.

Collegij Brunsbergensis Societatis Jesu.

Norimbergæ apud Ioh. Petreium,
Anno M. D. XLIII.

Reuerendo D. Georgio
Donner canonico Varmiensi
amico suo, Joachimus
Rheticus D.d.

Rheticus dedicou o seu exemplar
de Das Revoluções *a Jerzy Donner, o cónego de Varmia*
que cuidara de Copérnico nos seus últimos dias.

Copérnico e publicada integralmente no âmbito dos textos iniciais. Infelizmente, Rheticus, que fora quem mais contribuíra, era metido no mesmo saco, por necessidade, que «um grupo mais ou menos numeroso de outros estudiosos muito eminentes», a quem Copérnico agradecia de uma penada. Giese meteu os pés pelas mãos pedindo desculpa a Rheticus: «Explico este esquecimento não pelo seu desrespeito por vós, mas por uma certa apatia e indiferença (era desatento em relação a tudo o que fosse não científico) sobretudo quando começou a enfraquecer.»

Para terminar, Giese perguntava se Rheticus ou qualquer outra pessoa enviara o livro ao papa, «porque se tal não foi feito, gostaria de desempenhar essa obrigação em nome do falecido».

Rheticus seguiu todas as instruções de Giese. Consequentemente, o Senado de Nuremberga fez uma queixa formal contra Petreius, mas o impressor afirmou-se inocente. Insistiu em que os textos constantes das páginas iniciais lhe haviam sido dados precisamente como apareciam, e que não os alterara. Petreius usou uma linguagem tão inflamada na sua declaração de autodefesa que o secretário do Senado sugeriu que os seus

Johannes Petreius,
cidadão e impressor de Nuremberga.

«azedumes» fossem «omitidos e suavizados» antes de os seus comentários serem transmitidos ao bispo de Kulm. O Senado, acreditando na palavra de Petreius, decidiu não o processar. E, do seu prelo, não saiu qualquer edição revista de *Das Revoluções*.

Nesse verão de 1543, enquanto Giese e Rheticus procuravam defender a honra do seu amigo, Anna Schilling voltou várias vezes a Varmia. Embora se tivesse mudado para Danzig depois de o bispo Dantiscus a ter banido da diocese, ainda era proprietária de uma casa em Frauenburg. Talvez, agora que Copérnico falecera, esperasse que não houvesse objeções à sua presença. Cada uma das suas visitas durou alguns dias, dando-lhe tempo para retirar os seus bens e encontrar um comprador. A 9 de setembro, vendeu finalmente o imóvel. No dia seguinte, os funcionários do capítulo, que estiveram sempre a vigiar os seus movimentos, foram denunciá-la ao bispo. Queriam saber se deveria continuar a ser alvo de exclusão de Varmia, uma vez que o fundamento jurídico do seu banimento desaparecera com a morte de Copérnico. Poderia parecer que planeava partir e nunca mais voltar, uma vez que pusera termo aos seus últimos vínculos com a região, mas os cónegos fizeram, mesmo assim, a pergunta, e Dantiscus respondeu rapidamente:

«Ela, que foi expulsa do nosso domínio, recorreu a vós, meus irmãos. Não sou muito a favor, independentemente dos motivos. Porque deverá temer-se que, pelos métodos que usou para perturbar aquele que deixou a vida há pouco, possa apoderar-se de outro de vós... Consideraria melhor manter a grande distância, em vez de o deixar entrar, o contágio de tal doença. A extensão dos prejuízos que causou à nossa igreja é algo que não desconheceis.»

De Leipzig, Rheticus enviou, pessoalmente, exemplares dedicados e riscados a lápis vermelho como oferta aos seus amigos de Wittenberg. A sua reação a Copérnico foi muito diferente da do discípulo.

Melanchton, um líder intelectual da faculdade, seguiu o exemplo de Lutero rejeitando a nova ordem dos planetas com fundamentos bíblicos. Perguntamo-nos se Melanchton leu alguma vez «o pequeno folheto» de Rheticus de que Giese gostava tanto – aquele em que Rheticus «de uma forma perfeitamente correta defendia o movimento da Terra de estar em conflito com a Sagrada Escritura». Se o leu, não se deixou abalar, de modo algum, pelos seus argumentos. No entanto, ao mesmo tempo, Melanchton reconhecia o valor do contributo de Copérnico para a determinação da posição dos planetas e louvava a sua análise aperfeiçoada do movimento da Lua. Os matemáticos de Wittenberg – os antigos colegas de Rheticus, Erasmus Reinhold e Caspar Peucer – fizeram eco da resposta de Melanchton. Examinaram superficialmente o universo heliocêntrico apresentado no Livro I de *Das Revoluções*, reservando a sua análise cuidadosa às partes técnicas que vinham a seguir. Alegraram-se com o modo como Copérnico corrigia os erros de Ptolomeu devolvendo um movimento circular uniforme aos corpos celestes, mas repudiaram a rotação e a translação da Terra. Ignoraram a reordenação das esferas, juntamente com todas as implicações que as novas ideias tinham quanto às distâncias até aos planetas e quanto à dimensão global do Universo.

Reinhold começou de imediato a elaborar novas tabelas de dados planetários, baseadas totalmente em dispositivos de Copérnico. Embora Copérnico tivesse fornecido diversas tabelas em *Das Revoluções*, muitos dos números necessários para calcular as posições dos planetas estavam espalhados ao longo do texto. Reinhold reuniu toda essa informação num formato conveniente para aqueles que trabalhavam em astronomia – isto é, para os astrólogos. Melanchton abençoou o esforço de Reinhold e, em seguida, solicitou apoio financeiro para a sua publicação ao duque Alberto, que acedeu. Pareceu mais do que adequado que Reinhold chamasse ao seu projeto *Tabelas Pruténicas*, em honra da Prússia, terra natal tanto de Copérnico como de Alberto.

Ninguém pode dizer que efeito Rheticus poderia ter exercido sobre os académicos de Wittenberg caso tivesse ficado entre eles, mas parece improvável que pudesse ter defendido o cosmos de Copérnico das críticas de Lutero e Melanchton. Na ausência de Rheticus, a obra de Copérnico, que já fora minada pela nota aos leitores escrita por Osiander, foi alvo de novas subversões em Wittenberg. As *Tabelas* publicadas por Reinhold emaranhavam os modelos planetários com uma Terra estacionária e central. Peucer, no seu livro *Hypotheses astronomicae*, reintroduzia a nona e a décima esferas para além das estrelas fixas.

Ao fim de dois anos em Leipzig, Rheticus, novamente descontente, abandonou os seus alunos, sem autorização, no outono de 1545, para visitar o matemático e astrólogo Girolamo Cardano, em Milão. Rheticus levou consigo um exemplar do livro de Copérnico, que dedicou a Cardano, quando chegou.

Os dois haviam colaborado anteriormente, por correspondência, numa recolha de genituras (horóscopos) de homens famosos, publicada por Petreius no mesmo ano que *Das Revoluções*. Agora, Cardano estava a preparar uma nova edição aumentada e Rheticus deu-lhe alguns horóscopos pormenorizados para serem incluídos. Um dizia respeito a Andreas Vesalius, o médico cuja obra-prima, *De Humani Corporis Fabrica*, de 1543, corrigira antigos conceitos errados, fazendo assim pela anatomia o que *Das Revoluções* fazia pela astronomia. Outra genitura apresentava o caráter e as circunstâncias de vida do prodígio matemático Johannes Regiomontanus, que escreveu o *Epítome do Almagesto de Ptolomeu* – livro que Copérnico estudara tão atentamente quando jovem.

Nessa altura, Rheticus também entregou a Cardano o horóscopo de Osiander. Viera com a esperança de que Cardano o pudesse ajudar, em troca, talvez como colaborador no grande projeto que Rheticus estava a conceber sobre a ciência dos triângulos. Em vez disso, Rheticus encontrou Cardano encurralado nos compartimentos triangulares dos seus diagramas de horóscopos, extraindo deles as predições mais pormenorizadas, até ao modo como ocorria a morte de um homem e o destino dado ao seu cadáver. Embora estas técnicas tenham, sem dúvida, fascinado Rheticus, a sua estada em Milão azedou devido às desconsiderações pessoais de Cardano e à sua reação morna a *Das Revoluções*.

Nesse verão, Leipzig exigiu o regresso de Rheticus aos seus deveres docentes após a ausência não autorizada desse ano. Partiu de Itália para Leipzig, no outono de 1546, mas, no caminho, parou em Lindau, onde sofreu um misterioso esgotamento nervoso e físico que o perturbou durante vários meses. Felizmente, o seu antigo companheiro de escola em Wittenberg, Caspar Brusch, o mestre-escola de Lindau, cuidou de Rheticus e, mais tarde, contou as suas provações numa carta dirigida a um amigo comum:

«Já quase recuperou o seu estado de saúde anterior (depois de ter estado, enquanto permaneceu aqui comigo, gravemente doente), embora ainda não esteja plenamente recuperado... Sei que algo relacionado com um espírito maligno foi transmitido como boato, no estrangeiro, por viajantes comerciais. Embora essa notícia não seja totalmente falsa ou desprovida de substância, Joachim tem mesmo assim sofrido muito com ela, uma vez que está apreensivo com o facto de poder, de alguma forma, causar danos à sua reputação anterior.» A mãe de Rheticus, que era católica, vivia também na zona, em Bergenz, com o seu abastado segundo marido. Exortou o filho a procurar alívio para os seus demónios fazendo uma peregrinação ao santuário de Santo Eustáquio, na Alsácia, mas ele recusou.

«Esteve de cama, doente, durante quase cinco meses», continuava Brusch na sua carta de final de agosto de 1547, «e todos os dias o visitava, conversando e convivendo com ele. Durante esse tempo, pus à sua disposição toda a Bíblia, tanto em alemão como em latim, da minha biblioteca, bem como muitos escritos devocionais de Lutero, Melanchton e Cruciger. Leu-os e releu-os tão diligentemente que, no final, conhecia-os de uma ponta à outra. No entanto, em determinadas ocasiões, com todo o coração e os mais fervorosos votos, e até muitas vezes em pranto, clamava pelo Filho de Deus, só dele esperando libertação».

Quando a crise passou, Rheticus adiou de novo o seu regresso a Leipzig passando o inverno em Zurique, lutando ainda para recuperar a saúde. Enquanto aí se encontrava, escreveu uma proposta para melhorar o *triquetrum*, agora que o instrumento de observação gozava de uma nova popularidade devido a *Das Revoluções*. Aparentemente, Copérnico «estimulara alguns homens eminentes para a observação dos movimentos dos corpos celestes», dizia Rheticus. Publicou a sua sugestão sobre o *triquetrum* em Zurique, em fevereiro de 1548, mas dedicou-a «aos docentes e professores da Faculdade de Letras da Universidade de Leipzig». Nesse mesmo mês, a 13 de fevereiro, escreveu--lhes diretamente, dizendo-lhes que os veria em breve. A 16, fez trinta e quatro anos – surpreendido, talvez, por ainda se encontrar vivo. Passou a Páscoa em Baden, banhando-se nas fontes termais, seguindo o conselho do médico, e regressou finalmente a Leipzig, no final do verão. Tal como acontecera quando regressara a Nuremberga na sequência da sua primeira ausência prolongada, viu ser-lhe atribuído o cargo de decano da Faculdade de Letras.

Apesar dos deveres de administração e ensino, Rheticus recuperou durante este período. Em outubro de 1549, escreveu a Giese para lhe relatar os progressos em diversas obras novas com relevância para a astronomia. Esperava que o seu calendário de prognósticos para o ano seguinte, que em breve seria publicado, se vendesse suficientemente bem para financiar as suas investigações pessoais em tópicos mais sérios. Por exemplo, acabara de terminar um comentário científico moderno ao clássico da geometria, *Elementos*, de Euclides, e iria publicar em breve as suas *Efemérides: Uma Exposição da Posição Diária das Estrelas... por Georg Joachim Rheticus segundo a teoria... do seu professor Nicolau Copérnico de Torun*. Nunca se cansava de lembrar aos leitores que fora a mão de Copérnico «que fizera andar a maquinaria do mundo». Como herdeiro dessa tradição, «não quis afastar-me dos ensinamentos de Copérnico, nem que fosse apenas o tamanho de um dedo».

Através da correspondência que restabelecera com Giese, Rheticus descobriu que Dantiscus morrera e cedera o trono episcopal de Varmia ao seu velho rival. Mas Giese ficou apenas um ano nessa posição cimeira, até à sua morte em outubro de 1550, com setenta anos de idade. Depois, Stanislaw Hzjusz, o escolhido por Dantiscus, sucedeu-lhe como bispo de Varmia, e lutou tão estrenuamente contra a heresia luterana – convencendo inclusive alguns convertidos proeminentes a voltarem ao catolicismo – que foi elevado a cardeal.

No início de 1551, Rheticus escolheu a palavra *canon* – que fazia lembrar Copérnico mas significava também um código de instruções – para o título do seu panfleto *Canon doctrinae triangulorum*. Apresentava as melhores tabelas trigonométricas que se podiam encontrar – ajudas importantíssimas para os cálculos dos astrónomos. Não fosse dar-se o caso de alguém não se aperceber da relação entre aquele fino volume e Copérnico, Rheticus fixou a ligação num diálogo introdutório brincalhão entre «Philomathes», um amante da matemática, e o seu convidado, «Hospes». Quando Hospes pergunta «Que tipo de homem é este Rheticus?», Philomathes responde: «Ele é, na verdade, aquele que nos está a entregar este fruto dos mais deleitosos jardins de Copérnico. Porque, após o seu regresso de Itália, decidiu transmitir livremente aos alunos de matemática tudo o que aprendeu com esse excelente ancião, bem como tudo o que adquiriu mediante o seu próprio esforço, perseverança e devoção.»

A pergunta «Que tipo de homem é este Rheticus?» tornou a surgir na primavera de 1551, quando o pai de um aluno de Leipzig lançou a acusação de que o professor perpetrara um ato «intempestivo, vergonhoso e não cristão» contra o seu filho. Depois de ter atraído o rapaz, «uma criança menor» aos olhos do pai, Rheticus pretensamente «enchera-o de bebidas fortes, até ficar embriagado; e, por fim, dominara-o com violência e praticara nele o vergonhoso e cruel vício da sodomia».

O castigo cominado na lei para o crime de sodomia era «morte pelo fogo». Culpado ou não, Rheticus fugiu em abril, antes do final do semestre de inverno ou de o seu julgamento pelo crime poder começar. Segundo os boatos, encontrava-se em Praga. Com efeito, inúmeras cartas urgentes encontraram-no ali, convocando-o para comparecer em tribunal, mas Rheticus nunca regressou a Leipzig. Após meses de diligências infrutuosas, a universidade condenou-o, à revelia, a banimento por um período de 101 anos. No entanto, em reconhecimento dos seus talentos e a bem do decoro, os pormenores da sua acusação e a sentença foram mantidos confidenciais.

Rheticus passou o primeiro ano em Praga a estudar medicina na Universidade Carolina e, provavelmente, também o ano seguinte. Depois, prosseguiu a sua formação como médico na Silésia, durante 1554. Parece ter visto a medicina como o meio ideal de garantir um rendimento a si próprio enquanto permanecesse desligado de um cargo académico e sem o apoio de um patrono. E, além disso, a medicina também fora a profissão de seu pai, bem como a de Copérnico.

O «Doutor» Rheticus mudou-se para Cracóvia na primavera de 1554. Escolheu a cidade devido à sua localização geográfica, quatrocentos e oitenta quilómetros a sul de Frauenburg, que o ligava com Copérnico mediante um meridiano cartográfico. Residiu ali durante cerca de duas décadas (mais tempo do que alguma vez residira em qualquer outro lugar), seguindo em simultâneo a sua antiga carreira e a nova. A 20 de julho, escreveu a um antigo aluno: «erigi um obelisco de quinze metros num campo perfeitamente nivelado que o maravilhoso senhor Johannes Boner pôs à minha disposição para tal fim. Deste modo, se Deus o permitir, descreverei de novo toda a esfera das estrelas fixas». Partilhou o trabalho de calcular as novas tabelas, mais precisas, que planeava publicar com até cinco ajudantes contratados, a dada altura, dividindo frações de ângulos por um fator de dez mil milhões. Ocupado assim em Cracóvia, Rheticus apercebeu-se um dia de que já tinha mais de quarenta anos, e que deveria ter errado ao prever o seu falecimento prematuro. O hábito de viver prolongara-se durante tantos anos que pensava que, afinal, talvez chegasse à velhice. Uma década mais tarde, em 1563, «pegou de novo na obra de Copérnico», disse – referindo-se ao livro do seu professor, por oposição ao seu legado –, e pensou em «esclarecê-la com um comentário».

Heinrich Petri de Basileia, um parente afastado de Johannes Petreius, publicou a segunda edição de *Das Revoluções*, em 1556. Continha, em vez de qualquer comentário elucidativo de Rheticus, a terceira edição do digesto original do discípulo, ou *Narratio Prima*. Se Rheticus se sentira alguma vez humilhado pela falta de reconhecimento na primeira edição de *Das Revoluções*, aqui, o seu papel nela era tornado manifesto.

No entanto, o seu rosto ficou escondido e ainda hoje se mantém assim. Qualquer retrato formal seu, qualquer esboço ou caricatura devem ter-se perdido há muito. Apesar das suas inúmeras publicações e conhecimentos, as suas filiações universitárias, as suas diversas ocupações e a curiosidade que o levou a tantas portas não deixou qualquer impressão do seu aspeto físico.

Em 1572, Rheticus mudou-se pela última vez, para sul de Cracóvia para a cidade húngara de Cassóvia, onde um novo patrono estava à sua espera para o apoiar. Rheticus perseverou no seu grande *opus* sobre a ciência dos triângulos, mas foi dispersado pelos seus interesses médicos, demorado por ter perdido papéis importantes nas suas diversas mudanças e intimidado pela montanha de cálculos que ainda tinha de transpor. Numa repetição de acontecimentos da vida que nunca poderia ter previsto, abriu a sua porta, num dia da primavera de 1574, a um visitante surpresa de Wittenberg, que lera o panfleto de Rheticus sobre triângulos (o *Canon*) e ouvira falar da sua ambição de terminar uma obra maior.

«Mal tínhamos trocado algumas palavras sobre isto e aquilo», recordou, mais tarde, o jovem, Valentin Otto, «quando, ao conhecer a causa da minha visita exclamou estas palavras: "Viestes ver-me com a mesma idade que eu próprio tinha quando visitei Copérnico. Se não tivesse feito a minha viagem, a sua obra nunca teria visto a luz do dia"».

As histórias similares divergem nesse ponto. Embora Otto se tenha revelado um aprendiz devotadíssimo, trabalhou apenas durante um curto período ao lado do seu mestre. Ao fim de alguns meses, Rheticus mandou Otto a Cracóvia para recuperar uns registos que ele lá deixara. Regressando a 28 de novembro após uma viagem penosa com chuva e inundações («Num só dia, estive duas vezes em perigo de me afogar»), Otto encontrou Rheticus em estado crítico. Cuidou do seu mentor durante vários dias, durante os quais Rheticus lhe transferiu oficialmente o direito – e o dever – de terminar a *Ciência dos Triângulos*. Otto jurou que o faria e Rheticus morreu nos seus braços às primeiras horas de sábado, 4 de dezembro de 1574, aos sessenta anos de idade.

Espicaçado pelo grande amor que sentia por Rheticus, Otto afadigou-se, nos vinte anos seguintes, para terminar a tarefa herdada. Quase no preciso momento em que apareceu o texto de mil e quinhentas páginas, em 1596, os seus muitos erros e insuficiências revelaram-se. No entanto, Otto já ficara senil e não conseguia retificar o texto, mesmo quando os seus problemas lhe eram mostrados. Um sucessor mais digno de tal tarefa surgiu mais tarde na pessoa de Bartholomaeus Pitiscus, capelão do príncipe eleitor Frederico IV de Heidelberga. Após a morte de Otto, em 1602, Pitiscus explorou a confusão de anotações desordenadas que ele acumulara. «Escavei uma página de cada vez do seu estado de esquecimento, sujidade e quase podridão», afirmou. Mediante um trabalho «fatigante», «coligi muitas coisas que me deleitaram enormemente». Pitiscus viu a versão final do contributo de Rheticus para a teoria coperniciana ser publicada em Frankfurt, em 1613. Intitulou-a *Tesouro Matemático: ou, Cânone de Senos para um Raio de 1 000 000 000 000 000 Unidades... tal como Anteriormente Calculado com Incrível Esforço e Custo por Georg Joachim Rheticus.*

CAPÍTULO 10

Epítome da Astronomia de Copérnico

Considero meu dever e minha tarefa defender também abertamente, com todos os poderes do meu intelecto, a teoria coperniciana, que, no meu âmago, reconheci como verdadeira e cuja beleza me enche de um enlevo incrível quando a contemplo.

JOHANNES KEPLER, *EPÍTOME DA ASTRONOMIA DE COPÉRNICO*, 1617-1621

Satisfeitos com as *Tabelas Pruténicas*, durante o resto do século XVI, os astrónomos europeus encararam Copérnico segundo a advertência de Osiander – com duas exceções monumentais. Entre os dois, o exuberante Tycho Brahe e o estudioso e apaixonadamente reverente Johannes Kepler, levaram à conclusão a obra de Copérnico.

O dinamarquês Tycho foi literalmente atraído pelas estrelas em 1559, durante o seu décimo terceiro verão, quando um eclipse lunar iluminou a matemática que estava a aprender numa universidade luterana, em Copenhaga. O seu nascimento nobre proporcionou-lhe os meios para adquirir os seus próprios livros de astronomia, que comprou em segredo, disse, e também leu às escondidas, uma vez que os seus familiares consideravam que tais passatempos estavam abaixo do que cabia à sua classe. Em breve começou a registar as suas próprias observações e a elaborar horóscopos de homens famosos. Aos vinte e cinco anos, depois de ter perdido a maior parte do nariz num duelo, olhou para o céu, numa noite de novembro, e viu a explosão de uma nova que encheu subitamente de brilho a constelação da Cassiopeia. A partir de então, falou desse acontecimento de 1572 como o momento em que o céu o escolheu como interlocutor.

«Na verdade, foi a maior maravilha que alguma vez se mostrou em toda a natureza desde o início do mundo», anunciou no livro que se apressou a escrever, *De nova stella*. A nova estrela de Tycho anunciava, efetivamente, um cataclismo. Pela sua posição no céu – demasiado longe do zodíaco para ser um planeta, demasiado estável para um cometa e, ainda por cima, supralunar – pressagiava o fim da imutabilidade nos reinos celestiais de Aristóteles. A mudança podia ocorrer nas alturas, mostravam as observações cuidadosas de Tycho, sob a forma da luz de uma nova estrela. Esta afirmação competia, em termos de estranheza, com a Terra móvel de Copérnico – e talvez Tycho estivesse a piscar o olho a Copérnico quando comparou o milagre da sua *Nova stella* a Josué a parar o Sol pela oração.

Tycho aceitou as latitudes mais setentrionais do seu país natal (piores do que as lastimadas por Copérnico) como um orgulhoso direito adquirido pelo nascimento e dedicou uma primeira obra ao rei Frederico da Dinamarca. Embora Tycho reconhecesse realmente que o frio extremo do clima podia alterar a serenidade de um astrónomo, parece que isso nunca o deteve. Cinco anos depois da sua descoberta da nova, nas primeiras horas de escuridão de outra noite de novembro, Tycho estava a pescar num lago quando um cometa surgiu perante ele. A sua cabeça brilhante, de um branco azulado, e a longa cauda avermelhada – como uma chama vista através do fumo, afirmou – persistiram durante o resto do outono e parte do inverno. Essa visita demorada deu tempo a Tycho para provar que os cometas, apesar de considerados geralmente arabescos na atmosfera da Terra, seguiam realmente caminhos entre os planetas. Em contraste com alguns contemporâneos que temiam que o cometa augurasse fome e peste, até mesmo a morte de um líder, Tycho confinou a sua ira ao próprio céu. O Grande Cometa de 1577 condenou a antiga noção de que esferas celestiais sólidas transportavam os planetas nos seus círculos eternos. Tycho viu nitidamente que não havia estruturas dessas que impedissem a viagem livre do cometa e, portanto, concluiu que não existiam tais estruturas. Quando soltou este raio, quase se pôde ouvir o tilintar do cristal a partir-se.*

As descobertas reconhecidamente não académicas de Tycho valeram-lhe em breve um cargo de professor auxiliar na Universidade de Copenhaga, onde ensinou, durante um breve período, as ideias de Copérnico e distribuiu as *Tabelas Pruténicas* entre os seus alunos. Para além de ter lido *Das Revoluções*, Tycho adquiriu também um exemplar manuscrito do *Breve Esboço* a um amigo que conhecera Rheticus. Reconhecendo a importância matemática do documento, Tycho fez cópias suplementares para distribuir por outros matemáticos, embora se recusasse a aceitar a realidade do movimento da Terra. Apesar de ser ousado, e de admirar abertamente Copérnico, manteve-se firme em relação à Terra estacionária. Porque, se a Terra descrevesse realmente um grande círculo em redor do Sol, raciocinava Tycho, então um observador terreno veria os espaços entre determinadas estrelas alargarem e estreitarem no decurso do ano. Estimava a alteração esperada, chamada paralaxe, em 7º, ou cerca de quinze vezes o diâmetro da lua cheia. A incapacidade de perceber qualquer paralaxe, por mais diminuta que fosse, convenceu Tycho de

* Enquanto estavam a trabalhar juntos em Frauenburg, Rheticus e Copérnico observaram um cometa que consideraram ser supralunar, tal como Tycho demonstrou mais tarde ao mundo. Rheticus escreveu ao seu amigo Paul Eber a falar na descoberta que haviam feito e Eber, por sua vez, relatou-a a Melanchton, numa carta de 15 de abril de 1541, que chegou até nós.

Tycho Brahe,
Senhor de Uraniborg.

que não ocorria qualquer revolução da Terra. A explicação de Copérnico – de que a distância tremenda a que se encontravam as estrelas impedia a perceção da paralaxe – parecia oca a Tycho. Porque é que, perguntava, a distância até às estrelas iria crescer rapidamente dos dez mil diâmetros da Terra, em Ptolomeu, para os vários milhões exigidos por Copérnico? Que finalidade teria todo esse vazio? Mais, as estrelas visíveis para lá de tão imensos abismos teriam de ser absurdamente grandes, talvez maiores do que toda a extensão do grande círculo de Copérnico. Incrédulo, Tycho procurou meios alternativos de aproveitar ao máximo as ideias de Copérnico sem mover a Terra e sugeriu o compromisso que tem o seu nome. No sistema de Tycho, Mercúrio, Vénus, Marte, Júpiter e Saturno orbitam todos em redor do Sol, enquanto o Sol, por sua vez, os transporta consigo enquanto descreve uma órbita em redor da Terra central e imóvel.

Para provar a superioridade do seu sistema, publicado em 1588, em relação ao ptolemaico ou ao coperniciano, Tycho precisava de dados fiáveis – dados como nunca antes haviam estado disponíveis – relativos aos movimentos dos planetas. Estabeleceu, sozinho, novos padrões de rigor e precisão nas observações, em primeiro lugar, expandindo as dimensões dos seus instrumentos feitos por encomenda para proporções gigantescas. Em vez de um esquadro de agrimensor manual ou de um par de bússolas, por exemplo, Tycho empregou um gigantesco quadrante que se erguia a mais de seis metros de altura e exigia uma equipa de criados para funcionar. Mais tarde, engendrou outros dispositivos – ainda grandiosos mas não tão difíceis de manejar – que proporcionaram boas leituras em grandes escalas legíveis, onde cada grau de arco se dividia no seu complemento total de sessenta minutos (e, em alguns casos, dividido de novo em múltiplos de segundos de arco). Com a cooperação da sua prestigiosa família, construiu o primeiro observatório astronómico do seu país. Então, o rei Frederico ofereceu o terreno e o financiamento para um segundo, equipado com mais e ainda mais grandiosos instrumentos concebidos por Tycho, que se revelaram, segundo todos os parâmetros, os melhores instrumentos do mundo para determinar posições planetárias. Tanto Tycho como o seu magnífico observatório, Uraniborg, na ilha de Hven, iam buscar os seus rendimentos a conezias e outros benefícios de Igreja que lhes foram atribuídos pelo rei. Aí, Tycho reinou sobre um pessoal de assistentes talentosos, uma mão-de-obra de camponeses descontentes e todo o céu noturno, durante mais de vinte anos.

Após a morte de Frederico, Tycho perdeu o favor de Cristiano, o herdeiro do trono dinamarquês, e sentiu-se obrigado a abandonar Uraniborg. A procura de um novo patrono levou-o a Praga, em 1599, à corte do imperador do Sacro Império Romano, Rodolfo II. Apesar de católico, Rodolfo agia liberalmente para com os luteranos em geral e sorria com especial calor para alguém tão hábil na arte da astrologia como Tycho Brahe. O imperador disponibilizou os seus diversos castelos e pô-lo a trabalhar fazendo prognósticos dos assuntos de Estado.

A mudança para Praga também colocou Tycho na proximidade de Johannes Kepler, facilitando desse modo a colaboração decisiva entre

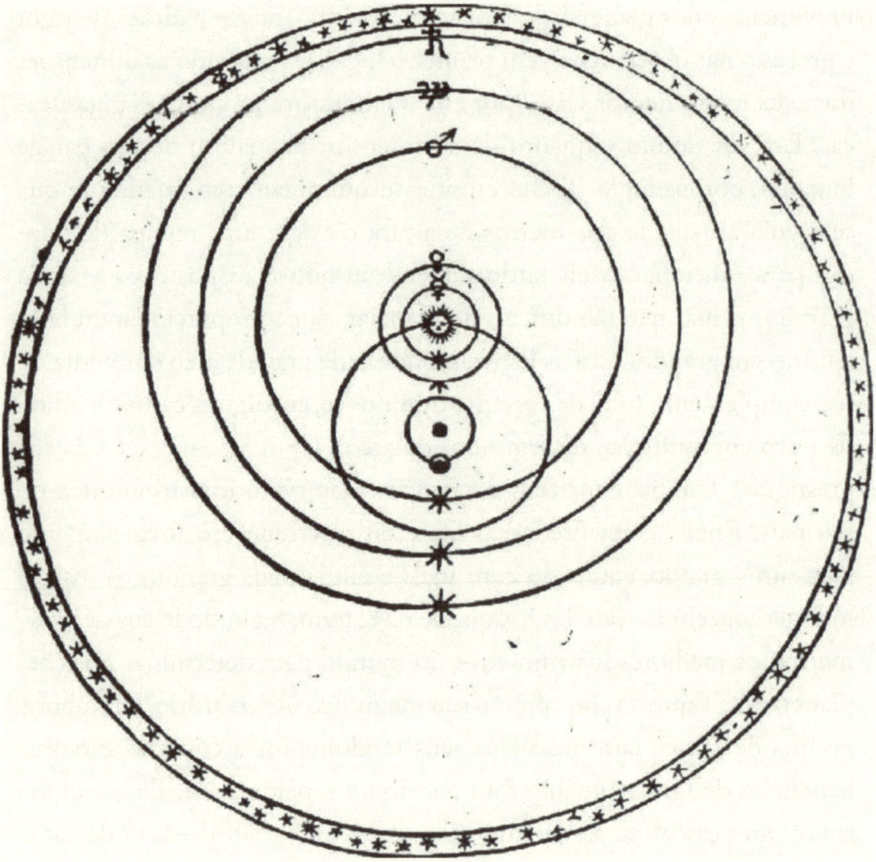

O SISTEMA DE TYCHO

Tycho colocou os planetas em órbita em redor do Sol, mas deixou a Terra imóvel no centro do Universo. Embora as observações de Tycho tenham demonstrado que as esferas sólidas do céu eram uma ficção, Tycho não foi capaz de acreditar que a Terra rodasse e seguisse uma órbita circular.

os dois. Kepler, que ainda não era bem conhecido pela maior parte dos astrónomos, e, vivendo em circunstâncias modestas, nunca poderia ter-se dado ao luxo de visitar a ilha de Tycho. Saudou a presença de Tycho na Boémia como um ato de Deus. Por um desígnio suplementar da

Providência, Kepler encontrou o principal assistente de Tycho entregue ao estudo de Marte, quando se juntou à equipa, no castelo de Benatky, na primavera de 1600. «Considero que foi um decreto divino», comentou Kepler, «ter chegado precisamente no momento em que ele estava interessado em Marte, cujos movimentos proporcionam o único acesso possível aos segredos ocultos da astronomia».

Kepler era uma criança de colo em Weil der Stadt, no Sudoeste da Alemanha, no ano da nova de Tycho, mas, aos cinco anos, a sua mãe agarrou-lhe na mão e levou-o ao alto de uma colina dos arredores da cidade para ver o Grande Cometa de 1577. Nessa altura, a visão de Kepler já começara a falhar. O estatuto nobre que outrora distinguira o nome da família Kepler também se começara a erodir antes do seu nascimento, de modo que o jovem génio míope herdou pouco mais do que um brasão. No entanto, graças ao seu intelecto, obteve bolsas de estudo que o fizeram progredir pelo seminário e pela universidade. Centrou a sua confessada «avidez escaldante» em estudos de astronomia que o convenceram da correção da hipótese coperniciana.

Embora Kepler se tivesse preparado para uma carreira como pastor luterano, aceitou a primeira oferta de emprego que teve – como professor da escola secundária e matemático distrital numa cidade afastada de província. Um dia, em 1595, enquanto estava junto ao quadro, a desenhar, para os seus alunos, o padrão de repetição das conjunções Júpiter-Saturno teve uma epifania. A geometria e a divindade conjugaram-se na sua mente, ajudando-o a intuir a solução de três mistérios cósmicos: por que razão os planetas mantinham as distâncias específicas entre si, porque criara Deus apenas seis planetas e porque orbitavam eles a velocidades diferentes em redor do Sol. Nos primeiros momentos de excitação, Kepler imaginou as esferas dos planetas como se cada uma estivesse inscrita dentro de uma forma particular de polígono regular – de triângulo a quadrado, pentágono, hexágono, etc. Mas, uma vez que havia inúmeros polígonos regulares e apenas seis planetas, Kepler em breve os substituiu pelos seus mais raros homólogos tridimensionais, chamados sólidos regulares. O mais simples deles, o tetraedro, com quatro faces formadas por quatro triângulos equiláteros idênticos, inseria-se facilmente entre as esferas de Marte e de Júpiter. O cubo (que compreendia seis quadrados iguais) explicava a distância entre Júpiter e Saturno, e o dodecaedro (que consistia em doze pentágonos clonados) alojava a Terra dentro da órbita de Marte. A confluência gloriosa dos cinco sólidos regulares com os cinco interstícios interplanetários encheu a alma de Kepler. Levou-o às lágrimas e reorientou todos os seus trabalhos.

«Passei dias e noites a calcular», relatou no seu livro *Mysterium cosmographicum*, de 1596, «para ver se esta ideia concordava com as órbitas de Copérnico, ou se a minha alegria iria ser levada pelo vento». Com o tempo, conseguiu que tudo se harmonizasse. Mas ansiava por uma confirmação suplementar, e essa, Kepler sabia-o, apenas podia vir de Tycho – do acervo de dados de observações recolhido, ao longo de décadas, com uma atenção escrupulosa ao pormenor.

Tycho também precisava de Kepler – da habilidade superlativa do alemão para analisar os dados e retirar deles a riqueza que escondiam. Se, como Tycho acreditava, os seus dados verificassem a sua versão da ordem cósmica, então o trabalho da sua vida ultrapassaria o de Ptolomeu e recompensaria todos os seus sacrifícios. Mas Tycho tinha a preocupação de que Kepler, um coperniciano confesso que reeditara a *Narratio Prima*, de Rheticus, como apêndice ao seu próprio *Mysterium*, pudesse descobrir provas irrefutáveis da teoria rival – ou que pudesse distorcer provas favoráveis ao sistema tychónico para forjar apoios para o coperniciano. Assim, o desconfiado Tycho divertiu-se, levando Kepler a ansiar pelos mínimos dados que se dignava transmitir-lhe. Foi apenas após a morte súbita de Tycho, em Outubro de 1601, e da inevitável disputa com os herdeiros deste pelo acesso aos dados, que Kepler tomou finalmente posse do tesouro de Tycho e o depôs aos pés de Copérnico.

Johannes Kepler,
matemático imperial de Rodolfo II.

«Construí toda a minha astronomia sobre as hipóteses de Copérnico em relação ao mundo», proclamou Kepler no seu *Epítome da Astronomia de Copérnico*. Agradeceu a Tycho as suas observações, mas pôs de parte o sistema tychónico como inferior. A Terra, afirmava, deve, com toda a certeza, deslocar-se entre os planetas, em redor do Sol, tal como Copérnico defendia. Mas Copérnico centrara as órbitas circulares dos planetas num ponto perto do Sol, e não no próprio Sol. Kepler achou esta ideia implausível fisicamente e, por isso, corrigiu-a. Transferiu o centro de todos os movimentos planetários para o corpo do Sol e imbuiu-o de uma força que se espalhava como a luz por todo o Universo, empurrando os planetas ora mais rápida, ora mais lentamente, consoante a sua distância. Os planetas que se encontravam mais perto do Sol não só se deslocavam mais rapidamente do que os mais distantes, como Copérnico observara, como cada planeta alterava periodicamente a sua própria distância em relação ao Sol e mudava a sua velocidade em conformidade. Kepler provou que o caminho de um planeta não era um círculo perfeito, ou uma qualquer combinação de círculos perfeitos, mas o círculo ligeiramente achatado e provido de dois centros conhecido como elipse, com o Sol num dos focos.

A órbita marciana muito ligeiramente achatada de Kepler pouco se desviava da rotundidade perfeita, embora se revelasse mais elíptica do que a de qualquer outro planeta. Por esse motivo, Kepler considerou o caminho de Marte – o que fora seguido mais de perto e mais ricamente documentado por Tycho – o «único possível» caminho para as verdades de uma «Nova Astronomia», enraizada nas leis da física. Caso se tivesse dedicado a Júpiter ou a Saturno, por exemplo, as subtilezas da elipse teriam escapado à sua atenção e causado problemas insuperáveis.

«Fui quase levado à loucura ao considerar e calcular esta questão», escreveu Kepler, referindo-se à situação de Marte. «Não consegui descobrir por que razão o planeta seguiria antes uma órbita elíptica. Oh, que ridículo fui!»

Ao contrário de Copérnico, que nunca divulgara em letra de forma os seus processos de pensamento, Kepler partilhou com os leitores muitos pormenores dos seus progressos e dificuldades. Deleitava-se revivendo para eles o «frenesim sagrado» das suas perceções extáticas, e pedia a sua comiseração por todo o desespero sofrido. «Se este procedimento entediante vos cansa», exclamou na descrição dos seus cinco anos de «guerra» por causa de Marte, «tende piedade de mim, que realizei pelo menos sete verificações, com a perda de muito tempo». Por vezes, sentia-se perdido, «hesitando com dúvidas quanto a como proceder, como um homem que não sabe como montar de novo as rodas desmontadas de uma máquina».

Kepler sabia quem escrevera o prefácio não assinado «Ao Leitor» nas primeiras páginas de *Das Revoluções*. O seu exemplar, que comprara em segunda mão, da primeira edição tinha o nome Andreas Osiander escrito com uma pena, imediatamente por cima da nota ofensiva, pelo proprietário original do livro – um matemático de Nuremberga com ligações a Rheticus e Schöner. Kepler ofendeu-se especialmente com as afirmações de Osiander. Em 1609, quando publicou a sua *Astronomia Nova*, que exortava a uma ciência baseada em forças físicas, nomeou e atacou Osiander no verso do frontispício. Agora, toda a gente iria conhecer a identidade do apologista anónimo de Copérnico. «É uma ficção supinamente absurda», censurou Kepler, «que os fenómenos da natureza possam ser demonstrados por causas falsas. Mas a ficção não está em Copérnico».

Segundo a sua autoavaliação, a façanha pioneira de Kepler residia «na transferência inesperada de toda a astronomia dos círculos fictícios para as causas naturais».

Kepler demoliu os círculos perfeitos da antiguidade enquanto ainda estava aferrado aos cinco sólidos regulares como detentores do espaço entre as órbitas planetárias – um conceito que realizou aproximadamente sob a forma de uma fonte cósmica em prata, para o seu patrono, o duque de Württemberg. Nunca encontrou um motivo para abandonar essa visão fantástica da harmonia universal, tal como nunca abandonou a sua fé luterana, embora se tivesse sentido obrigado, mais de uma vez, a mudar de casa e trocar de emprego em vez de se converter ao catolicismo por insistência das autoridades locais. Essas convicções ajudaram-no a suportar as dificuldades do trabalho que escolhera, as mortes da sua primeira mulher e de oito dos seus doze filhos, o julgamento da sua mãe por bruxaria e a eclosão da Guerra dos Trinta Anos.

«Tu, ó Senhor Criador, que, pela luz da natureza, despertas em nós um anseio pela luz da graça», rezava Kepler, em 1619, na conclusão do seu livro *Harmonices Mundi*, «se fui levado à temeridade pela beleza admirável das Tuas obras, ou se procurei a minha glória pessoal entre os homens enquanto me dedicava a um trabalho que se destinava à Tua glória, sê misericordioso, sê compassivo, e perdoa-me; e, por fim, digna-te fazer misericordiosamente que estas demonstrações sejam um caminho para a Tua glória e a salvação das almas e em lado algum constituam um obstáculo para tal».

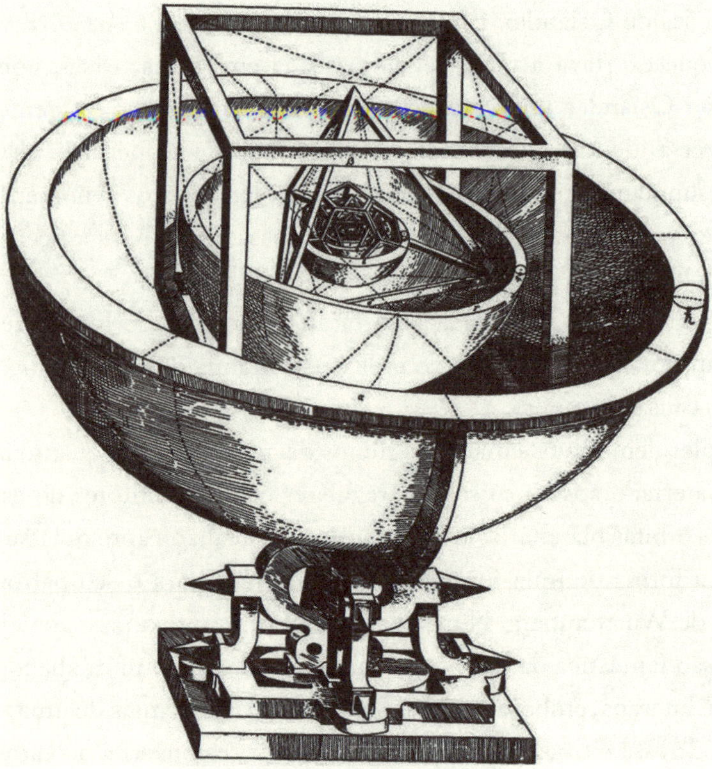

A VISÃO DE KEPLER

Enquanto calculava as conjunções de Júpiter e Saturno, Kepler teve uma visão mística que o levou a sugerir que as órbitas dos planetas eram numeradas e espaçadas de acordo com os cinco sólidos regulares (muitas vezes chamados platónicos). O cubo central nesta imagem determina o intervalo entre Júpiter e Saturno.

Juntamente com a custódia legal dos dados de Tycho, Kepler assumiu o título de matemático imperial da corte de Rodolfo II, e também o dever de compilar umas novas tabelas astronómicas melhoradas em nome do imperador. As *Tabelas Rodolfinas*, publicadas em 1627, revelaram-se realmente muito superiores às suas antecessoras *Pruténicas*.

Enquanto as previsões baseadas nas tabelas anteriores poderiam ter erros que atingiam os cinco graus, e por vezes enganar-se relativamente a um acontecimento importante, como uma conjunção, por um dia ou dois, as *Tabelas Rodolfinas* aperfeiçoavam as posições até dois minutos de arco.

Embora as *Tabelas Rodolfinas* fossem superiores às *Pruténicas*, o diagrama original do Sol, de Copérnico, dentro de anéis encaixados, contendo cada um deles um planeta – a imagem de um alvo que desenhou no seu manuscrito e publicou com *Das Revoluções* –, continuava a ser estranhamente adequado. Sem dúvida, Copérnico tencionara que a imagem fosse uma mera aproximação da ordem planetária, uma vez que omitiu mais de vinte do total de trinta círculos diferentes descritos no seu texto. Mas agora que Tycho varrera as esferas sólidas do cosmos e Kepler banira cada um dos últimos epiciclos, a mesma ilustração esquemática e aerodinâmica mostrava um mapa real do céu.

CAPÍTULO 11

Diálogo sobre os Dois Principais Sistemas do Mundo, Ptolemaico e Coperniciano

A constituição do Universo, creio, pode ser colocada em primeiro lugar entre todas as coisas naturais que podem ser conhecidas, por vir antes de todas as outras em grandeza em virtude do seu conteúdo universal, deve também ficar acima de todas elas em nobreza como sua norma e padrão. Portanto, se quaisquer homens pudessem reivindicar uma distinção extrema, em intelecto, acima de toda a humanidade, Ptolomeu e Copérnico seriam esses homens, cujo olhar foi desse modo alçado às alturas e que filosofaram acerca da constituição do mundo.

GALILEU GALILEI, *DIÁLOGO SOBRE OS DOIS PRINCIPAIS SISTEMAS DO MUNDO*, 1632

Numa troca de cartas em latim entre Galileu e Kepler, em 1597, provocada pela publicação do *Mysterium* de Kepler, o professor católico italiano confessava ser havia muito um «coperniciano secreto» que não podia advogar publicamente a sua crença numa Terra móvel com medo de ser ridicularizado pelos colegas. Em resposta, o alemão luterano exortou-o a juntar-se ao movimento pró-coperniciano:

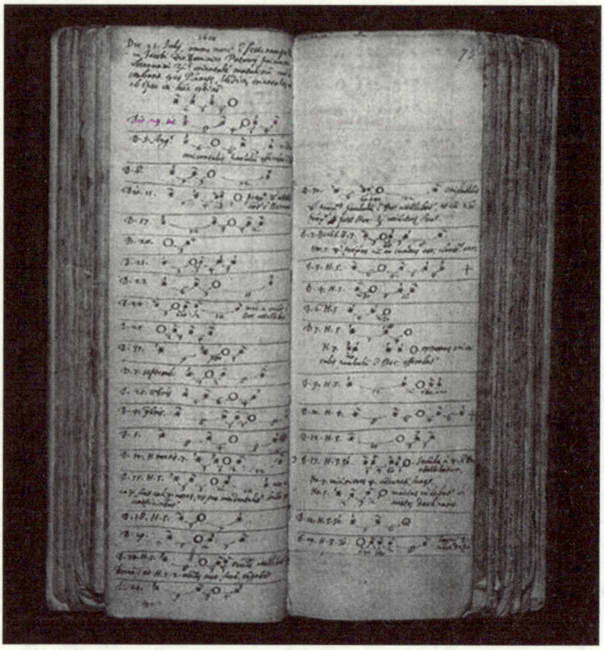

A descoberta, mediante o telescópio, das quatro maiores luas de Júpiter, por Galileu, em janeiro de 1610, descrita e diagramada aqui pelo seu próprio punho, convenceu-o de que a Terra não era o único centro de movimento no Universo, e tornou-se um «coperniciano» sem reservas.

«Não seria melhor levar a carroça rolante até ao seu destino com esforços conjugados?»

Galileu respondeu a Kepler com silêncio. Foi apenas após 1610, depois de ter aperfeiçoado o instrumento ótico a que chamava luneta, e descoberto, através das suas lentes, maravilhas celestes como as luas de Júpiter, que declarou abertamente o seu apoio a Copérnico.

Antes de as inovações de Galileu terem aperfeiçoado a luneta rudimentar, os instrumentos haviam ajudado os astrónomos apenas na definição das posições dos corpos. Os telescópios de Galileu permitiam aos observadores aperceberem-se também da composição. A paisagem lunar, por exemplo, erguia-se em montanhas rochosas e caía em vales profundos, espelhando a superfície da Terra. O Sol exalava manchas negras que se reuniam e deslizavam pelo seu rosto como nuvens levadas pelo vento. O telescópio perturbou ainda mais o equilíbrio do céu ao expor corpos desconhecidos – e não entidades «novas» como a nova de Tycho, de 1572 (ou a de Kepler, de 1604), que eram captadas a olho nu, mas objetos nunca antes vistos que se encontravam para além do alcance da visão humana, nomeadamente uns apêndices semelhantes a orelhas que ladeavam Saturno e centenas de estrelas mortiças que enchiam os contornos das constelações. E o planeta Vénus revelou também um ciclo de fases, de crescente a cheio, mostrando para além de qualquer dúvida que orbitava em redor do Sol. As fases de Vénus adequavam-se bem tanto ao sistema tychónico como ao coperniciano, mas o universo ptolemaico não podia acolher um tal fenómeno, Galileu publicou as suas descobertas. *O Mensageiro das Estrelas*, um volume fino expondo a sua «mensagem das estrelas», esgotou-se em menos de uma semana após a sua publicação, em Pádua, em março de 1610. Depois disso, não conseguiu construir telescópios a um ritmo suficiente para satisfazer a procura.

A notícia das novas descobertas espalhou-se rapidamente sob grandes aplausos, mas Galileu tornou-se também um para-raios para todas as críticas, ridículo e indignação que Copérnico temera. Graças, em parte, ao elogio sonoro que Galileu lhe fez, *Das Revoluções* atraiu a atenção suspeitosa da Sagrada Congregação do Índex, um cão de fila da Igreja criado no final do século XVI para proibir livros que ameaçassem a fé ou a moral.

Copérnico previra problemas por parte de «faladores que afirmem ser juízes da astronomia apesar de totalmente ignorantes na matéria», que distorceriam passagens da Escritura para o censurarem. Rheticus também previra essas calúnias e tentara afastá-las retificando princípios do sistema coperniciano com autoridade, com a aprovação entusiástica do bispo Giese. Até Osiander, cuja nota anónima «Ao Leitor» tanto ofendera Giese e Kepler, pretendia talvez proteger o livro desvalorizando as afirmações ousadas de Copérnico como instrumentos de cálculo inteligentes. E, tal como se esperava, *Das Revoluções* provocou a ira das autoridades religiosas quase desde o momento da sua publicação.

O papa Paulo III, a quem era dirigida a dedicatória, criara o Santo Ofício da Inquisição católica em 1542, um ano antes da publicação do livro, no âmbito da sua campanha para jugular a heresia luterana. Mediante os esforços de Rheticus ou de Giese, Sua Santidade recebeu devidamente um exemplar de oferta de *Das Revoluções*. Entregou-o ao seu teólogo pessoal, Bartolomeo Spina, de Pisa, mestre do Palácio Sagrado e Apostólico. No entanto, Spina adoeceu e morreu antes de poder fazer a recensão do livro, deixando a tarefa ao seu amigo e, como ele, frade dominicano, Giovanni Maria Tolosani. Num apêndice ao tratado *Da Verdade da Sagrada Escritura*, publicado em 1544, Tolosani denunciou o falecido Copérnico como um fanfarrão e um tonto que corria o risco de se afastar da fé.

«Convocai homens cultos em todas as ciências e deixai-os ler o Livro I de Copérnico sobre a Terra móvel e o céu estrelado imóvel», desafiava Tolosani. «Descobrirão com toda a certeza que os seus argumentos não têm solidez e podem ser refutados muito facilmente. Porque é estúpido contradizer uma crença aceite por todos ao longo de muito tempo por razões extremamente fortes, a não ser que aquele que nega utilize provas mais fortes e incontestáveis, e refutar totalmente o raciocínio oposto. Copérnico não faz isso, de modo algum.»

Desacreditado deste modo, *Das Revoluções* escapou, durante algum tempo, à denúncia oficial. No entanto, todas as obras de Rheticus, juntamente com as de Martinho Lutero, Johann Schöner e muitos outros autores protestantes ocuparam os seus lugares no *Índex de Livros Proibidos*, católico, em 1559. O nome de Petreius apareceu, nesse mesmo ano, na lista anexa de impressores proibidos, levando um número desconhecido de fanáticos a destruir os seus exemplares de *Das Revoluções* por causa da sua ligação a uma tipografia proibida. Felizmente, o *Índex* de 1564 inverteu a situação, retirando o nome de Petreius. Dois anos depois, quando o seu parente Petri publicou a edição de Basileia, alguns leitores católicos excisaram obedientemente o texto suplementar da *Narratio Prima*, com tesouras ou facas. Alguns apagaram também o nome de Rheticus do frontispício da edição, riscando-o ou colando sobre ele uma fita de papel.

No entanto, nas regiões protestantes, onde o *Índex* não tinha peso, *Das Revoluções* estava aberto a ataques com fundamentos religiosos. Portanto, Kepler defendeu a ideia coperniciana na introdução da sua *Astronomia Nova*. Sustentou que a Sagrada Escritura falava, consoante os momentos, coloquial e poeticamente sobre coisas comuns como o movimento aparente do Sol através do céu – «em relação às quais não é seu objetivo instruir a humanidade». Considerando a ênfase que a Bíblia punha na salvação, Kepler aconselhava os leitores a «considerarem o Espírito Santo um mensageiro divino e absterem-se de O arrastar, injustificadamente, para a aula de física».

Galileu secundou a posição de Kepler relativamente à interpretação bíblica. «Creio que a intenção da Sagrada Escritura foi persuadir os homens das verdades necessárias para a salvação», escreveu, num documento onde expunha a sua posição, em 1613, «que nem a ciência nem qualquer outro meio podiam tornar credíveis, mas apenas a voz do Espírito Santo. Mas não penso que seja necessário acreditarmos que o mesmo Deus que nos deu os nossos sentidos, a nossa fala, o nosso intelecto, teria posto de lado a utilização desses, para, em contrapartida, nos ensinar coisas que, com a ajuda deles, poderíamos descobrir por nós, em especial no caso dessas ciências de que não existe a menor menção nas Escrituras; e, sobretudo, na astronomia, à qual é prestada tão pouca atenção, que não são referidos os nomes de qualquer dos planetas.

Certamente, se a intenção dos escribas sagrados tivesse sido ensinar astronomia às pessoas, não teriam passado tão completamente por cima do assunto».

Galileu expandiu grandemente os seus comentários dois anos depois, em 1615, em reação a rumores de que o Santo Ofício planeava inserir *Das Revoluções* no *Índex*. Dirigindo-se à matriarca dos Médicis, a grã-duquesa Catarina, chamava a atenção para a estultícia de tal ato:

«Banir Copérnico agora que a sua teoria é reforçada diariamente por muitas observações novas e por os eruditos se dedicarem à leitura do seu livro, depois de esta opinião ter sido permitida e tolerada durante aqueles muitos anos em que foi menos seguida e menos confirmada, pareceria, em minha opinião, ser uma violação da verdade e uma tentativa de a esconder e suprimir à medida em que se ia revelando mais clara e nitidamente. Não abolir e censurar todo o seu livro, mas condenar apenas como errónea esta proposta particular, seria (se não estou enganado) um dano ainda maior para os espíritos dos homens, uma vez que lhes daria a oportunidade de verem provada uma proposta na qual era uma heresia acreditar. E proibir toda a ciência seria censurar cem páginas da Sagrada Escritura que nos ensinam que a glória e a grandeza de Deus Todo-Poderoso são reconhecidas maravilhosamente em todas as Suas obras e lidas divinamente no livro aberto do Céu.»

Galileu enfrentou Josué cara a cara. Começou por analisar o milagre do ponto de vista ptolemaico – geocêntrico, geostático – e depois afirmou que o Universo coperniciano estava muito mais bem equipado para responder às preces de Josué.

«Analisemos agora até que ponto é verdade que a famosa passagem de Josué possa ser aceite sem alterar o sentido literal das suas palavras e sob que condições o dia poderia ser grandemente prolongado pela obediência do Sol à ordem de Josué para ficar imóvel.

No sistema ptolemaico, isso nunca poderia ocorrer sequer, uma vez que o movimento próprio do Sol pela eclíptica é de oeste para leste e,

Galileu Galilei,
filósofo e matemático do grão-duque
da Toscana, num desenho
de Ottavio Leoni.

portanto, oposta ao movimento do *primum mobile* que, nesse sistema, provoca o dia e a noite. Portanto, é óbvio que, se o Sol detivesse o seu próprio movimento, o dia ficaria mais curto e não mais longo. A forma de prolongar o dia seria acelerar o movimento próprio do Sol; e para fazer que o Sol ficasse acima do horizonte durante algum tempo, no mesmo lugar, sem declinar para oeste, seria necessário acelerar o seu movimento até ser igual ao do *primum mobile*. Isso equivaleria a acelerar a velocidade habitual do Sol cerca de 360 vezes. Portanto, se Josué tivesse pretendido que as suas palavras fossem tomadas no seu sentido puro e exato, teria ordenado ao Sol que acelerasse o seu movimento de tal forma que o impulso do *primum mobile* o não levasse para oeste. Mas uma vez que as suas palavras se destinavam a ser ouvidas por pessoas que, muito provavelmente, não sabiam nada sobre quaisquer movimentos celestiais para além do grande movimento geral de leste para oeste, desceu ao nível da sua capacidade e falou de acordo com a sua compreensão, uma vez que não tinha a menor intenção de lhes ensinar a disposição das esferas, mas apenas fazer que percebessem a grandeza do milagre.»

Em seguida, Galileu considerou a possibilidade de Josué ter pretendido deter o *primum mobile* e, com ele, todo o movimento celeste. «E, efetivamente, Josué pretendia que todo o sistema de esferas celestiais se imobilizasse, como pode deduzir-se da sua ordem simultânea à Lua, que não tinha nada que ver com o prolongamento do dia. E sob a ordem dada à Lua devemos subentender também os outros planetas, embora aqui sejam alvo do silêncio, tal como alhures na Bíblia, que não foi escrita para nos ensinar astronomia.»

Virando-se para Copérnico, Galileu lembrava a *Madama* Cristina a descoberta que ele próprio fizera da rotação mensal do Sol, que expusera nas suas *Cartas sobre as Manchas Solares*, de 1613.

«Se considerarmos a nobreza do Sol e o facto de ser a fonte de luz que (como provarei conclusivamente) ilumina não só a Lua e a Terra mas todos os outros planetas, que são inerentemente escuros, então creio que não será totalmente contrário à filosofia afirmar que o Sol, como principal ministro da Natureza e, em certo sentido, coração e alma do Universo, infunde pela sua própria rotação não só luz mas também movimento noutros corpos que o rodeiam. E tal como se o movimento do coração cessasse num animal todos os outros movimentos dos seus membros cessariam também, assim, se a rotação do Sol viesse a deter-se, as rotações de todos os planetas também se deteriam.»

Assim, parar o Sol chegava para deter «todo o sistema do mundo». Todas as revoluções celestes cessavam em consequência e «o dia era prolongado miraculosamente». Para dar ênfase, Galileu referia quão «primorosamente» a sua hipótese concordava com «o sentido literal do texto sagrado».

Continuando com confiança, Galileu chamou à colação o facto de o Sol ter ficado imóvel «no meio do céu», segundo Josué 10:13, e desenvolveu esse ponto.

«Teólogos circunspectos levantam uma questão sobre esta passagem, porque parece muito provável que, quando Josué exigiu o prolongamento do dia, o Sol estivesse perto do ocaso e não no meridiano... Porque se estivesse perto do meridiano, teria sido inútil pedir o milagre ou teria bastado apenas rezar por um atraso.» Esta charada obrigara diversos estudiosos da Bíblia, cujos nomes são referidos aqui por Galileu, a equivocarem-se na sua interpretação da expressão «no meio do céu». Mas todas as inconsistências desaparecem, «se, em conformidade com o sistema coperniciano, colocarmos o Sol no "meio" – isto é, no centro – dos orbes celestiais e rotações planetárias, como é muitíssimo necessário fazer. Então, escolhei qualquer hora do dia, seja o meio-dia ou qualquer hora tão próxima do final como quiserdes, e o dia será prolongado e todas as revoluções celestiais detidas por o Sol ficar imóvel *no meio do céu*; isto é, no centro, onde reside.»

No seu entusiasmo pelo sistema coperniciano, Galileu esqueceu aparentemente que o direito católico proibia essa exegese por um leigo. Só os Santos Padres da Igreja tinham autorização para sondar o significado profundo da Bíblia. O protestante Kepler podia emular Lutero e chegar, com impunidade, a uma interpretação pessoal da Sagrada Escritura no seu próprio país. Mas Galileu, segundo os decretos do Concílio de Trento, publicados em 1564, não deveria ousar interpretar a Escritura «de outra forma para além do acordo com os Padres».

Entre os Padres, havia santos e mártires de antanho, e também os cardeais inquisidores do tempo de Galileu, nomeadamente o jesuíta que era conselheiro teológico do papa, Roberto Bellarmino, que esmagou os argumentos de Galileu com uma declaração pessoal que fazia autoridade:

«As palavras "o Sol nasce e põe-se, corre ao seu lugar, donde volta a nascer, etc.", são as de Salomão, que não só falava por inspiração divina mas era um homem sábio acima de todos os outros e muito versado em ciências humanas e no conhecimento de todas as coisas criadas, e a sua sabedoria vinha de Deus. Assim, não é provável que afirmasse algo que fosse contrário a uma verdade já demonstrada ou que poderia ser demonstrada. E se me dizeis que Salomão falava apenas de acordo com as aparências e que nos parece que o Sol se desloca quando, na verdade, é a Terra que se move, como parece a alguém que se encontra num navio que a costa se afasta do navio, responderei que embora possa afigurar-se a um viajante como se a costa estivesse a afastar-se do navio onde se encontra, e não o navio da costa, no entanto ele sabe que isso é uma ilusão e pode corrigi-la porque vê claramente que é o navio, e não a costa, que está em movimento. Mas no que se refere ao Sol e à Terra, um homem sensato não precisa de corrigir a sua opinião, porque a sua experiência lhe diz simplesmente que a Terra está imóvel e que os seus olhos não são iludidos quando lhe dizem que o Sol, a Lua e as estrelas estão em movimento.»

A 23 de fevereiro de 1616, um grupo de onze teólogos pôs a votação a ideia copernicianа. Consideraram que «a imobilidade do Sol no centro do mundo» era «herética formalmente» porque contradizia a Escritura. Ademais, consideravam o universo heliocêntrico filosoficamente «louco e absurdo». Embora o movimento da Terra lhes parecesse um conceito igualmente ridículo, declararam-no apenas «errado na fé», uma vez que não negava explicitamente a verdade da Sagrada Escritura. Estas opiniões constituíam o cerne de um édito oficial emitido a 5 de março, denunciando os ensinamentos de Copérnico como «falsos e contrários à Sagrada Escritura». *Das Revoluções* seria referido num decreto apenso ao *Índex de Livros Proibidos*. Mas, em vez de ser banido e destruído – o destino de outros livros proibidos – *Das Revoluções* ficaria suspenso até ser corrigido. Nas décadas que haviam decorrido desde a sua publicação, o livro revelara-se tão útil que a Igreja não podia justificar a sua condenação total. Com efeito, a muito desejada reforma do calendário, que ocupara Copérnico durante a sua vida, fora executada com a ajuda do seu texto. *Das Revoluções* e as *Tabelas Pruténicas* proporcionavam a duração média do ano tropical e do mês sinódico que permitiram que o padre jesuíta Christoph Clavius, do Colégio Romano, criasse o chamado

DIÁLOGO SOBRE OS DOIS PRINCIPAIS SISTEMAS DO MUNDO

Na sua obra mais conhecida, Diálogo sobre os Dois Principais Sistemas do Mundo, *Galileu pôs em cena uma conversa de quatro dias entre três intelectuais. O frontispício da primeira edição retratava esses homens como Aristóteles, Ptolomeu e Copérnico (à direita, segurando uma representação do seu cosmos heliocêntrico).*

calendário gregoriano, que substituiu o juliano em 1582, durante o pontificado de Gregório XIII.

Em 1619, outro decreto relativo ao *Índex* proibiu o *Epítome da Astronomia de Copérnico*, de Kepler, juntamente com «todas as outras obras deste autor». No ano seguinte, um novo decreto enumerava dez correções específicas a serem feitas em *Das Revoluções*. Esse punhado de alterações – apenas dez pontos em mais de quatrocentas páginas – adequava o texto de Copérnico à nota de Osiander. Reformulavam todos os testemunhos do movimento da Terra de modo a parecerem hipotéticos. Os censores apagaram a parte do prefácio que afirmava que «a astronomia é escrita para os astrónomos», porque se tinham apropriado do tema. A frase aparecia no parágrafo que expressava a visão de pesadelo de Copérnico de «faladores que afirmem ser juízes da astronomia apesar de totalmente ignorantes na matéria», que poderiam distorcer «uma ou outra passagem das Escrituras de modo a servir os seus fins».

Era deixada a cada um dos proprietários de *Das Revoluções* a inserção das alterações específicas, nos locais indicados. Galileu fê-las todas, crendo talvez que o seu exemplar seria examinado por autoridades eclesiásticas. Fora avisado pessoalmente pelo cardeal Bellarmino, em Roma, em 1616, que pusesse termo aos seus ensinamentos e escritos sobre Copérnico e aquiescera. No entanto, vários anos depois, em 1624, um novo papa aparentemente de espírito mais aberto, Urbano VIII, exortou Galileu a escrever uma comparação definitiva do sistema ptolemaico e do coperniciano. Esse livro, o *Diálogo sobre os Dois Principais Sistemas do Mundo*, de Galileu, publicado em Florença em 1632, conduziu a acusações imediatas de heresia. O julgamento formal de Galileu pela Inquisição ocorreu no ano seguinte e terminou com a sua abjuração. Então, o *Diálogo* juntou-se a *Das Revoluções* no próximo *Índex de Livros Proibidos*. Ambos permaneceram listados nele – um proibido e o outro suspenso até ser corrigido, ambos alvo de controvérsias e comentários continuados – durante os dois séculos seguintes.

CAPÍTULO 12

Um Recenseamento Anotado do De Revolutionibus *de Copérnico*

Comparei as edições de 1543, 1566 e 1617. Esta última é a melhor das três, a de 1566 apenas uma reimpressão da editio princeps *de 1543. Há apenas uma diferença: a de 1543 tem uma ampla errata... que desaparece em 1566 sem qualquer dos erros ser corrigido. Isso é tudo corrigido em 1617 e, ademais, o texto foi retificado em muitos lugares; também há notas do editor e alguns exemplos muito úteis de cálculos. Os bibliófilos podem preferir a* editio princeps, *que se apresenta num belo papel e que é maior e tem mais corpo, mas os astrónomos têm de usar a edição de 1617. É por isso que tenho dois exemplares. Tinha a edição de 1566, mas desfiz-me dela.*

J. B. J. Delambre, diretor do observatório de Paris, 1804-1822, de um comentário inserido num exemplar de *Das Revoluções*

A condenação das ideias de Copérnico pela Igreja Católica, que teria deixado arrasado o cónego católico se tivesse vivido o suficiente para dela saber, serviu provavelmente para tornar mais popular o seu livro. Apenas um ano depois de o Édito de 1616 ter ligado o seu nome ao crime de heresia, apareceu, em Amesterdão, uma terceira edição de *Das Revoluções*, sob o título *Astronomia Renovada*. O impressor foi Willem Janszoon Blaeu, um respeitado cartógrafo e fabricante de globos que fora aprendiz, durante seis meses, sob a direção de Tycho, na ilha de Hven. Nicolaas Müller, um professor de medicina e matemática na Universidade de Groningen, nos Países Baixos, escreveu notas e um comentário para esta edição, setenta e quatro anos depois da morte de Copérnico. Seguiram-se inúmeras edições comemorativas, nomeadamente a de 1873 em Torun, para celebrar os quatrocentos anos que haviam decorrido desde o nascimento do autor naquela cidade. De Turim, Itália, em 1943, veio um fac-símile da primeira edição por ocasião do quarto centenário da obra. Em 1973, o quinto centenário de Copérnico inspirou um fac-símile do manuscrito original, com tinta de duas cores em páginas rebarbadas com aspeto antigo, que reproduziam inclusive as nódoas e os borrões acidentais. No fac-símile, falta apenas um único pormenor – o pequeno orifício que Copérnico fez acidentalmente no seu original, ao colocar uma perna do seu compasso no mesmo ponto, oito vezes, para executar os círculos concêntricos para o diagrama das esferas celestes.

Em 1970, enquanto planeava como homenagear Copérnico no seu quingentésimo aniversário, Owen Gingerich, da Universidade de Harvard, concebeu um processo de investigação único. Andara a vasculhar um conjunto de livros de astronomia raros, no Observatório Real, em Edimburgo, na Escócia, quando se lhe deparou uma primeira edição de *Das Revoluções*. Ao contrário dos outros poucos exemplares que vira – e para sua grande surpresa – este revelou estar «ricamente anotado do começo ao fim». Gingerich lera a história que Arthur Koestler escrevera dos primórdios da astronomia, *The Sleepwalkers*, em que *Das Revoluções* era desvalorizado como «o livro que ninguém leu». Mas o exemplar de Edimburgo fora obviamente lido com cuidado – estudado, na verdade. Entre as iniciais estampadas na encadernação do livro e a caligrafia característica nas glosas que enchiam as margens, Gingerich em breve identificou o proprietário original como Erasmus Reinhold, matemático principal na Universidade de Wittenberg. Aquele mesmo volume de *Das Revoluções* fizera surgir as *Tabelas Pruténicas*. Gingerich perguntou-se quantos mais exemplares com anotações significantes poderiam estar escondidos em bibliotecas escolares e coleções privadas de todo o mundo. Aquilo a que veio a chamar a sua «Grande Caça a Copérnico» ocupou-o durante os trinta anos seguintes. *An Annotated Census of Copernicus'* De Revolutionibus, publicado em 2002, apresenta as descrições conseguidas com dificuldade por Gingerich de 277 exemplares da primeira edição e 324 da segunda. Depois de ter descoberto o exemplar de Reinhold, o de Kepler, o de Galileu e mais, Gingerich podia dizer com segurança que *todos* leram *Das Revoluções*.

Se alguém reunisse os mais de seiscentos exemplares do século XVI que chegaram aos nossos dias, para uma grande exposição num grande salão, os livros não se pareceriam muito entre si, apesar de partilharem o título e o texto. Dado que os livros impressos no século XVI eram geralmente vendidos sem estarem encadernados, cada exemplar distingue-se pela escolha que o seu proprietário fez da encadernação, desde a cara vitela até às variedades mais baratas de pele de carneiro – na maior parte das vezes em branco, mas também preto, vermelho, vermelho vivo, castanho, castanho-amarelado, cinzento-azulado, cinzento, verde, amarelo e laranja – colocada sobre tábuas de carvalho ou cartão, e gravada com iniciais ou brasões a ouro, ou cenas da Bíblia, ou santos ou medalhões de Martinho Lutero e de Filipe Melanchton. Muitas dessas capas cerravam-se outrora com fechos com ornamentações gravadas ou com atilhos de couro ou de seda colorida tingidos para se harmonizarem com as margens manchadas das páginas e complementando um tom das guardas a imitar mármore. Até mesmo os seus primeiros proprietários consideravam *Das Revoluções* um livro grande e importante, que valia bem algum trabalho e despesa. Como Gingerich descobriu através dos preços anotados em alguns exemplares, os estudiosos pagaram até dezassete *groschen* por ele em Wittenberg e

Estocolmo, mais ou menos o dobro do custo das propinas de matrícula de um semestre na universidade.

As amplas margens das páginas contam uma história completamente diferente – uma crónica de educação interativa, em que a nova astronomia passava de mão em mão e de geração em geração. Alguns exemplares contêm anotações em duas ou até três caligrafias diferentes e, em vários casos, séries de notas quase idênticas repetem-se em inúmeros volumes, mostrando a influência de determinados professores.

Entre os exemplares mais extensa e reveladoramente anotados conta-se um que pertenceu a Johannes Kepler, que agora se encontra na Universitätsbibliothek em Leipzig. É uma primeira edição, que pertenceu primeiro a Jerome Schreiber de Nuremberga, que o recebeu de presente do impressor. A dedicatória personalizada de Petreius ainda pode ser lida no frontispício (onde alguém pôs uma cruz nas palavras «dos Corpos Celestes»). Presumivelmente, os dois homens conheciam-se através de Johann Schöner, que fora professor de matemática de Schreiber. Ou através de Rheticus, que fora companheiro de escola de Schreiber em Wittenberg e, mais tarde, seu colega na faculdade. Ao longo dos quatro anos em que foi dono do livro, até à sua morte aos trinta e dois anos, Schreiber escreveu nele notas copiosas. Corrigiu todos os erros tipográficos identificados na folha de errata, bem como os dos restantes cinquenta fólios que não eram abrangidas pela folha de errata. São as mesmas alterações que aparecem, pelo punho de Copérnico, no manuscrito original. Copérnico deve ter enviado as suas revisões finais demasiado tarde para Petreius as incluir, mas ainda a tempo de Rheticus as partilhar com um pequeno círculo de amigos. Gingerich encontrou apenas nove exemplares de *Das Revoluções* tão profundamente corrigidos.

Foi Schreiber, um verdadeiro conhecedor da verdade dos factos, quem escreveu deliberadamente, à pena, o nome de Andreas Osiander acima da nota anónima ao leitor.

Schreiber copiou também as anotações à margem de Rheticus para o seu próprio exemplar e refletiu ao lado do texto sobre perguntas que gostaria de ter podido fazer a Copérnico. No fólio 96, por exemplo, Copérnico hesitava em relação a o centro do Universo se encontrar no interior do Sol ou no centro vazio da órbita da Terra. Afirmava que retomaria o assunto mais tarde, mas nunca o fez. Schreiber anotou aqui que Rheticus resolvera a questão, na *Narratio Prima*, em favor do Sol como centro. No fólio 143, ao lado do reconhecimento por Copérnico de que a sua utilização de um pequeno epicicleto tinha como resultado uma órbita de forma não circular, Schreiber garatujou uma única palavra, em grego. Kepler também sabia ler e escrever em grego e, por isso, quando comprou o exemplar de Schreiber, em 1598, e se lhe deparou a palavra ἐλλειψη no final do Livro III, Capítulo 25, soube que significava «elipse».

«É muito notável», escreve Gingerich, quase gritando à sua maneira calma, «que de todos os possíveis exemplares do livro que poderia ter adquirido, Kepler tenha recebido um com a palavra *elipse* escrita à margem de uma passagem especialmente interessante».

A encadernação, em vitela com uma lombada decorada a ouro, reflete as modas do século XVIII para os livros – claramente a escolha de um proprietário subsequente. Esse indivíduo não identificado deu-se ao trabalho, no entanto, de preservar as anotações de Kepler, dando instruções ao encadernador para dobrar para dentro algumas páginas escolhidas em vez de as aparar todas cortando os cinco milímetros necessários para um novo acabamento regular. Desdobradas, essas páginas mostram os principais comentários de Kepler, sob a forma de perguntas, relacionados com o verdadeiro centro dos movimentos planetários e a necessidade de a Terra alterar a sua velocidade orbital da mesma forma que os outros planetas.

Referindo-se a um diagrama marcado com letras, em que Copérnico identificara o centro da órbita da Terra como *D*, Kepler perguntava:

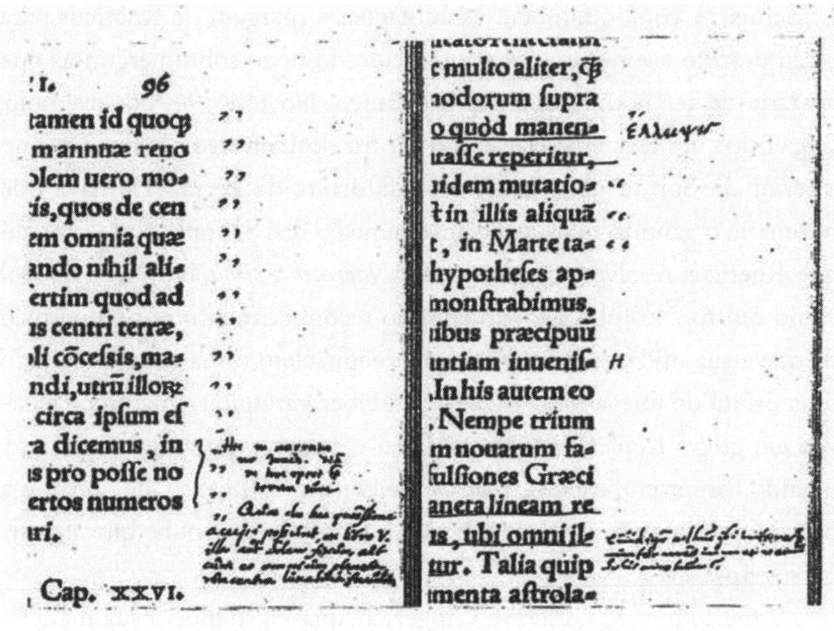
: I. 96
tamen id quoq;
m annuæ reuo
olem uero mo-
is,quos de cen
em omnia quæ
ando nihil ali-
ertim quod ad
is centri terræ,
li cōceſsis,ma-
ndi,utrū illorū
. circa ipſum eſ
a dicemus, in
s pro poſſe no
ertos numeros
ri.
Cap. XXVI.

c multo aliter,q;
modorum ſupra
o quòd manen- ἔλλειψιν
traſſe reperitur,
idem mutatio-
t in illis aliquā
t, in Marte ta-
hypotheſes ap-
monſtrabimus,
ibus præcipuū
intiam inueniſ- H
In his autem eo
, Nempe trium
m nouarum ſa-
ſulſiones Græci
aneta lineam re
is, ubi omni il-
tur. Talia quip
menta aſtrola-

O exemplar, muitíssimo anotado, de Das Revoluções *que pertenceu a Kepler identificava o autor da nota anónima ao leitor e continha também a palavra «elipse» escrita como uma glosa à margem, em grego.*

«Será a órbita tal que D é o Sol, ou um círculo temporário em que D é algo diferente do Sol?» «A Terra tem uma diferença simples ou dupla? Portanto estão eles [Vénus e Mercúrio] mesmo assim ligados às irregularidades da Terra? Pela mesma razão, sem a menor dúvida, por que são movidos noutros círculos diferentes do excêntrico à Terra (isto é, em concêntricos e epiciclos), eles exibem a presente irregularidade.»

Gingerich salienta que as anotações de Kepler, apesar de esparsas, aparecem em locais críticos, revelando falhas fundamentais da teoria de Copérnico. E embora possamos ter confiança de que Kepler saberia localizar esses pontos sem a ajuda de ninguém, mesmo assim havia uma pista marcada para ele.

Se Isaac Newton possuiu um exemplar de *Das Revoluções*, ele não chegou até nós. Nos seus tempos de estudante, sem dúvida consultou uma das três primeiras edições do Trinity College que ainda se encontram naquela biblioteca venerável. Depois de Newton ter identificado a gravitação universal como a força que mantinha os planetas nas suas órbitas em redor do Sol, exemplares do livro de Copérnico entraram na posse de muitos outros gigantes da astronomia, como Edmond Halley, que deu o nome ao cometa, o seu sucessor como astrónomo real, George Biddell Airy, o pioneiro da computação Charles Babbage, e o cosmólogo do século XX Edwin Hubble, que foi o primeiro a avaliar a extensão infinita e a expansão contínua do Universo.

Agora que o texto de Copérnico já não serve para descrever os caminhos conhecidos dos planetas, é mais valorizado do que nunca como um símbolo. O exemplar mais recente do livro apresentado a leilão – uma primeira edição limpa, não anotada – foi vendido na Christie's de Nova Iorque, em junho de 2008 (a um comprador não revelado) por 2 210 500 dólares.

A *Narratio Prima*, segundo Gingerich, é dez vezes mais difícil de encontrar do que *Das Revoluções*. Enquanto estava a elaborar o *Annotated Census*, encontrou trinta e sete exemplares do livro de Rheticus, na sua maioria na Alemanha. Em 2004, a Linda Hall Library of Science, Engineering & Technology, de Kansas City, Missouri, comprou um exemplar da *Narratio Prima* por 1,5 milhões de dólares. De então para cá, a biblioteca digitalizou todo o volume, permitindo que todos aqueles que disponham de uma ligação à internet o folheiem. Exemplares da primeira edição de *Das Revoluções* também estão disponíveis para consulta em vários *websites* de livros raros.

Copérnico, o homem, também adquiriu o estatuto de símbolo. As estátuas dele proliferam, sobretudo na Polónia, onde a sua imagem apareceu com frequência em selos, moedas e notas. Até os seus ossos se tornaram o objetivo de uma escavação arqueológica que começou, no verão de 2004, sob o pavimento de pedra da catedral de Frombork, onde os investigadores acabaram por desenterrar o crânio e diversos ossos de um homem de setenta anos que parecia corresponder à sua descrição. A caveira era apenas um fragmento – o crânio sem a mandíbula – mas a sua idade e o local onde repousava perto do altar de São Venceslau (agora chamado da Santa Cruz) constituíam indícios fortes. Desenhadores dos serviços de medicina legal da polícia, habituados a realizar retratos com base em descrições parciais, transformaram o crânio sem queixo num rosto completo com um grande nariz torto e um queixo quadrado proeminente. Após uma juventude perpétua de Copérnico promovida por uma única imagem dele na força da vida, o peso súbito da idade distorcia o aspeto do astrónomo tornando-o irreconhecível. Na fotografia distribuída às agências noticiosas, o ancião usava um casaco de gola de pele que fazia lembrar o gibão do seu retrato.

Exames subsequentes do crânio sugerem que a incisão sobre o olho direito é uma depressão arterial típica de muitos esqueletos – e não corresponde à cicatriz mostrada no retrato de Copérnico. No entanto, ninguém duvida de que o crânio lhe pertencesse.

Os ossos dispersos foram submetidos a análises de ADN, prevendo uma comparação com os descendentes contemporâneos das sobrinhas de Copérnico. A prova mais convincente proveio de um conjunto secundário de despojos – os nove cabelos encontrados no exemplar de Copérnico, consultado amiúde, de um calendário de previsão de eclipses de 1518, conservado em Uppsala com os restantes livros que o exército sueco levou da biblioteca de Varmia durante a Guerra dos Trinta Anos.

Quando Gingerich ouviu falar nos cabelos encontrados no *Calendarium Romanum Magnum*, pensou que podiam pertencer-lhe, considerando o número de vezes que se debruçara sobre o mesmo livro para estudar as anotações que Copérnico fizera nele. Mas as análises de ADN feitas aos quatro cabelos mostraram que dois deles apresentavam correspondências convincentes com um molar bem conservado do crânio

Trabalhando com base em fragmentos ósseos, desenhadores dos serviços de medicina legal polacos imaginaram o rosto do seu famoso concidadão como um homem de setenta anos – a idade de Copérnico quando morreu.

de Frombork. Quando os cientistas comunicaram os seus resultados, em 2009, nas Atas da Academia Nacional de Ciências, disseram que alguns genes encontrados nos restos eram típicos de indivíduos com os olhos azuis. A fotografia da polícia mostrara Copérnico com olhos castanhos, a mesma cor do retrato de Torun, ajustados à descoloração relacionada com a idade.

O segundo funeral do cónego Nicolau Copérnico realizou-se em Frombork a 22 de maio de 2010. Ao contrário do primeiro funeral, o cortejo fúnebre deste atraiu uma grande multidão e incluiu uma Missa celebrada pelo primaz da Polónia, o bispo de mais elevado grau do país. Desde que o tio de Copérnico, Lukasz Watzenrode, transportara para lá a cabeça de São Jorge, em 1510, que aquela capela não via um cortejo tão triunfal centrado em relíquias fúnebres.

Uma nova pedra tumular de granito negro com um sol dourado e planetas estilizados encontra-se agora ao lado do primeiro memorial instalado na catedral em 1753 (em substituição de um epitáfio anterior destruído durante a guerra). Para além dessas placas, estátuas e outros tributos públicos, os seus colegas «matemáticos» continuam a expressar o seu reconhecimento profissional a Copérnico. Os primeiros cartógrafos da Lua deram o seu nome a uma grande cratera lunar, no século XVII, e os exploradores da era espacial lançaram um observatório astronómico orbital chamado *Copérnico*, em 1972. Para comemorar o 537.º aniversário do seu nascimento, a 19 de fevereiro de 2010, a União Internacional de Química Pura e Aplicada anunciou a atribuição ao elemento atómico superpesado número 112 do nome «copernicium» (símbolo Cn), em sua honra.

Sempre que a nave espacial *Kepler*, atualmente em órbita, deteta um novo exoplaneta em redor de uma estrela para além do Sol, outra ondulação da Revolução Copernicíana ecoa pelo espaço. Mas a contrarrevolução que se desencadeou como reação imediata às ideias de Copérnico também continua a fazer ondas. Nos Estados Unidos, governos estaduais e locais continuam a reivindicar o direito de controlar aquilo que pode ser ensinado, em termos de teorias científicas, nas salas de aula e nos manuais escolares. Um pretenso museu, no Sudeste dos Estados Unidos, comprime o registo geológico da Terra de 4,5 mil milhões de anos para alguns milhares de anos bíblicos, e alega que os dinossauros coexistiram com os seres humanos.

Copérnico esforçou-se por devolver à astronomia uma simplicidade anterior e mais pura – um Jardim do Éden geométrico. Sacrificou a estabilidade da Terra a essa visão e afastou as estrelas do seu caminho. Aos contemporâneos que duvidavam das dimensões grandiosas da conceção heliocêntrica, Copérnico respondia: «Tão vasto é, sem a menor questão, o trabalho manual do excelentíssimo Todo-Poderoso.»

Um cantinho do Universo conhecido hoje em dia, mostrado nesta imagem de Campo Profundo do telescópio Hubble, é muitas vezes mais vasto do que a distância, outrora escandalosa, que Copérnico considerou existir entre Saturno e as estrelas. Para usar a sua palavra, a extensão de todo o seu cosmos era «ínfima» comparada com os muitos milhões de anos-luz que separam a nossa Via Láctea das galáxias que se encontram para além dela.

No século subsequente à sua morte, a Inquisição riscou essa linha do seu texto. Embora Copérnico pretendesse claramente expressar confiança na capacidade do Omnipotente para transcender a proporção comum, os censores viram isso como uma confirmação não fundamentada de uma Terra em movimento.

Quando a Terra se moveu apesar das objeções da Igreja, Copérnico tornou-se simbólico de uma nova queda do estado de graça. Por causa dele, a humanidade perdeu o lugar no centro do Universo. Iniciara uma cadeia de diminuições: a Terra é apenas um de vários planetas em órbita em redor do Sol. O Sol é apenas uma estrela entre os duzentos mil milhões da Via Láctea – e relegado para uma região remota, afastada do centro galáctico. A Via Láctea é apenas uma galáxia num Grupo Local de vizinhos, rodeada por inúmeros outros grupos de galáxias que se estendem pelo Universo. Todas as estrelas brilhantes de todas as galáxias nada são comparadas com o grande volume de matéria negra invisível que as segura em amplexos gravitacionais. Mas até a própria matéria negra é tornada insignificante pela entidade ainda mais indefinível, energia negra, responsável por três quartos de um cosmos no qual a própria ideia de centro já não faz qualquer sentido.

AGRADECIMENTOS

Seria impossível exagerar a generosidade dos historiadores, realizadores e pessoas de boa vontade que me ajudaram a reviver a Revolução Coperniciana.

Os professores Owen Gingerich, André Goddu, Michael Shank, Noel Swardlow, e o falecido Ernan McMullin proporcionaram a sua autoridade em história e astronomia, bem como o mais sincero encorajamento. Os três primeiros reviram também os esboços dos capítulos deste livro para corrigirem os meus erros.

Os encenardores Gerald Freeman, Langdon Brown e Isaac Klein leram e comentaram inúmeros esboços da peça, sempre com conselhos construtivos.

Na Polónia, Janusz Gil, Tomasz Mazur, Krzysztof Ostrowski e Jaroslaw Wlodarczyk acolheram com agrado, guiaram, orientaram, interpretaram e leram, de diversas formas, os meus esboços. Também estou grata a Stanislaw Waltos por ter proporcionado a autorização para ver os manuscritos de Copérnico, em Cracóvia.

Em Uppsala, Tore Frängsmyr abriu-me as portas da biblioteca pessoal de Copérnico.

A John Simon Guggenheim Memorial Foundation e a Alfred P. Sloan Foundation proporcionaram apoio subsidiário, com a amável assistência de Edward Hirsch e André Bernard, na Guggenheim, Doron Weber, na Sloan, Annie MacRae como gestora do Sloan Project no Manhattan Theatre Club, e Paige Evans.

The Naked Stage, o Manhattan Theatre Club, o New York State Writers Institute Authors Theatre e a Universidade e o Teatro Lubuski de Zielona Gora (Polónia) organizaram leituras da peça enquanto estava a ser escrita.

A astróloga Elaine Peterson traçou e interpretou horóscopos de Copérnico e Rheticus.

Apoiantes firmes, nomeadamente, o meu agente, Michael Carlisle; o meu editor, George Gibson; a minha filha, Zoe Klein; os meus irmãos e cunhada, Stephen, Michael e Pamela Sobel; os meus primos Celia Michaels e Barry Gruber; os meus amigos Diane Ackerman, Jane Allen, Will Andrewes, K. C. Cole, Doug Garner, Mary Giaquinto, Joanne Julian, M. G. Lord, Doug Offenhartz, Rita e Gary Reiswig, Lydia Salant, Margaret Thompson e Alfonso Triggiani revelaram-se todos particularmente úteis, amiúde por serem apenas quem são.

CRONOLOGIA COPERNICIANA

1466 A Paz de Torun põe termo à Guerra dos Treze Anos entre as cidades prussianas da Polónia e os Cavaleiros da Ordem Teutónica.

1473 Nasce Copérnico, a 19 de fevereiro.

1484 Morre o pai de Copérnico.

1489 O tio de Copérnico, Lukasz Watzenrode, é eleito bispo de Varmia, a 19 de fevereiro.

1491 Copérnico ingressa na Universidade Jaguelónica, em Cracóvia.

1492 Fernando e Isabel expulsam os judeus espanhóis.
Colombo parte para o Novo Mundo.

1496 Copérnico estuda direito canónico em Bolonha.

1497 Copérnico nomeado cónego em Frauenburg.

1500 Copérnico passa vários meses em Roma, dando aulas de matemática.

1501 Copérnico e o irmão, Andreas, estão presentes
na reunião do capítulo de Varmia, em julho.
Copérnico matricula-se como estudante de medicina, em Pádua, em outubro.

1502 É fundada a Universidade de Wittenberg.

1503 Copérnico recebe o grau de doutor em direito canónico, em Ferrara, a 31 de maio; torna-se secretário e médico pessoal do bispo, em Heilsberg, no outono.

1504 Copérnico observa grande conjunção em Câncer, anota que Marte está adiantado – e Saturno atrasado – em relação às posições previstas.

1508 Copérnico concebe a ideia geocinética, e provavelmente começa a trabalhar no seu modelo heliocêntrico.

1509 Copérnico publica a sua tradução para latim das cartas gregas de Teophylactus Simocatta, em Cracóvia.

1510 Copérnico abandona o serviço do bispo, muda-se para Frauenburg, distribui o seu *Breve Esboço* como panfleto.

1512 O rei Segismundo I casa-se com Bárbara Zapolya, em Cracóvia, a 8 de fevereiro.
O tio Lukasz morre em Torun, a 29 de março, depois de ter assistido ao casamento do rei.

1513 O «Doutor Nicolau» compra tijolos e cal para construir uma plataforma de observação.

1514 Nasce Georg Joachim Iserin (mais tarde, Rheticus), a 16 de fevereiro.

1515 Copérnico dá a sua opinião sobre a reforma do calendário do papa Leão X.
O texto integral do *Almagesto* de Ptolomeu é impresso pela primeira vez.

1516 Copérnico inicia um mandato de três anos como administrador, a 11 de novembro.

1517 Copérnico escreve as suas *Meditata* sobre questões monetárias, a 15 de agosto.
Martinho Lutero afixa as suas Noventa e Cinco Teses em Wittenberg.

1518 Andreas morre, em novembro.

1519 A Ordem Teutónica invade Braunsberg, a 31 de dezembro.

1520 Os soldados do grão-mestre incendeiam Frauenburg, a 23 de janeiro.

1521 Termina a guerra com os Cavaleiros Teutónicos; é assinado um tratado de paz, a 5 de abril.

1522 Copérnico apresenta uma reforma da moeda baseada no seu ensaio de 1517.
Johannes Werner publica uma recolha de ensaios de astronomia, em Nuremberga.

1523 Morre o bispo Fabian Luzjanski, a 30 de janeiro.
Copérnico desempenha funções de bispo interino até outubro, mesmo depois da eleição de Maurycy Ferber como bispo de Varmia, em meados de abril.

1524 Grande Conjunção de Júpiter e Saturno em Peixes.
Copérnico escreve *Carta contra Werner*, a 3 de junho.

1525 O Tratado de Cracóvia dissolve a Ordem dos Cavaleiros Teutónicos e cria o ducado da Prússia, governado pelo duque Alberto.

1526 O duque Alberto casa-se com a princesa Doroteia da Dinamarca, a 12 de fevereiro.
O rei Segismundo ordena que as casas dos protestantes de Cracóvia sejam queimadas; emite um decreto relativo à nova moeda, a 17 de julho.
O bispo Ferber bane os luteranos de Varmia, a 22 de setembro.

1528 O pai de Rheticus é condenado por fraude, e decapitado.

1529 Johannes Dantiscus, embaixador polaco em Espanha, torna-se cónego de Varmia.

1530 O cónego Dantiscus, que continua em Espanha, é escolhido para bispo de Kulm.
A Confissão de Augsburgo estabelece os artigos de fé para os luteranos.

1531 Copérnico, como guardião da contabilidade do capítulo, escreve a sua *Tabela de Preços do Pão*.

1532 O cónego/bispo-designado Dantiscus regressa à Polónia, vindo de Espanha.
Rheticus matricula-se em Wittenberg usando o nome da mãe, De Porris.

1533 Johannes Dantiscus é empossado como bispo de Kulm, a 20 de abril.
O papa Clemente VII ouve uma descrição da teoria de Copérnico, no verão.

1534 Alessandro Farnese é eleito papa Paulo III.
A Bíblia de Lutero é impressa (em alemão) em Wittenberg.

1535 Bernard Wapowski visita Copérnico; tenta publicar o seu almanaque de posições planetárias.

1536 Rheticus torna-se leitor de matemática em Wittenberg.
Uma carta do cardeal Schönberg, de 1 de novembro, pede a Copérnico que torne pública a sua teoria.

1537 O bispo Maurycy Ferber morre, a 1 de julho, sendo substituído por Johannes Dantiscus.
O cónego Tiedemann Giese torna-se bispo de Kulm.
Morre o cardeal Schönberg, a 9 de setembro.

1538 Rheticus vai a Nuremberga, no outono, e conhece Johannes Schöner.
O papa Paulo III excomunga Henrique VIII.

1539 Morre o cónego Felix Reich, a 1 de março.
Dantiscus publica um novo édito contra a heresia luterana, em março.
Rheticus chega a Frauenburg, em maio, e termina a *Narratio Prima*, a 23 de setembro.

1540 A *Narratio Prima* é publicada em Danzig, em março.
Rheticus regressa brevemente a Wittenberg para lecionar, em dezembro.

1541 Segunda impressão da *Narratio Prima*, em Basileia.
Melanchton e colegas tentam uma reconciliação com a Igreja Católica.
Rheticus regressa a Wittenberg e é eleito decano da Faculdade de Letras, em outubro.
Rheticus publica *De lateribus et angulis triangulorum*, de Copérnico.

1542 O mandato de Rheticus como decano termina em abril; vai para Nuremberga.
Johannes Petreius começa a imprimir *Das Revoluções*, na sua tipografia, em maio.
Copérnico escreve a sua dedicatória ao papa Paulo III, em junho.
O papa Paulo III institui o Santo Ofício da Inquisição católica.
Rheticus deixa Nuremberga em direção a Leipzig, em Outubro. Copérnico sofre um acidente vascular, no final de novembro ou início de dezembro, e fica com o lado direito paralisado.

1543 A impressão de *Das Revoluções* termina em abril.
O príncipe herdeiro Segismundo Augusto casa-se com a arquiduquesa Isabel de Áustria.
Morre Copérnico, a 24 de maio.

1545 O papa Paulo III convoca o Concílio de Trento.

1546 Morre Martinho Lutero, a 18 de fevereiro.

1547 Rheticus tem uma crise espiritual durante cinco meses; muda-se para Zurique no fim do ano.

1548 De regresso a Leipzig, Rheticus é eleito decano da Faculdade de Letras, a 13 de outubro.
Morre o bispo Dantiscus, a 27 de outubro.

1549 Tiedemann Giese torna-se bispo de Varmia, a 25 de janeiro.
As obras de Rheticus são incluídas no *Índex de Livros Proibidos*, juntamente com as de Martinho Lutero e de Johann Schöner.
O duque Alberto nomeia Andreas Osiander teólogo-chefe da nova universidade de Königsberg.

1550 Morre o bispo Giese, a 23 de outubro.

1551 Rheticus publica o seu *Canon doctrinae triangulorum*.
Rheticus, acusado de sodomia, foge de Leipzig, em abril.

1554 Rheticus muda-se para Cracóvia, na primavera, e trabalha como médico.

1562 Jan Loitz, parente de Copérnico, renuncia à sua conezia para se casar, a 8 de fevereiro.

1564 Decretos do Concílio de Trento proíbem a interpretação das Escrituras por leigos.

1566 A segunda edição de *Das Revoluções* é publicada em Basileia.

CRONOLOGIA COPERNICIANA

1572 Tycho Brahe observa a «nova estrela», em novembro; escreve *De nova stella.*

1574 Morre Rheticus, a 4 de dezembro.

1582 O papa Gregório XIII substitui o calendário juliano pelo gregoriano.

1588 Tycho publica o seu sistema geo-heliocêntrico.

1595 Bartholomew Pitiscus, teólogo e matemático calvinista, elabora a sua *Trigonometria*, cujo título cria o termo duradouro para a ciência dos triângulos.

1596 Johannes Kepler publica o seu *Mysterium cosmographicum.*

Valentin Otto publica a obra de Rheticus como *Opus palatinum*, cheia de erros.

1604 Kepler observa uma nova.

1609 Galileu observa a Lua e a Via Láctea com um telescópio primitivo.

1610 A descoberta por Galileu das luas de Júpiter, em janeiro, convence-o de que Copérnico tinha razão; publica *O Mensageiro das Estrelas.*

1613 Pitiscus publica um novo resumo da obra de Rheticus, *Tesouro Matemático*, em Frankfurt.

1616 *Das Revoluções* é inserido no *Índex de Livros Proibidos*, «até ser corrigido».

1617 A terceira edição de *Das Revoluções* é publicada em Amesterdão.

1619 Os livros de Kepler são incluídos no *Índex.*

1620 O *Índex* refere as correções que devem ser feitas em *Das Revoluções.*

1627 Kepler publica as *Tabelas Rodolfinas*.

1632 Galileu publica o seu *Diálogo sobre os Dois Principais Sistemas do Mundo*.

1772 Ignacy Krasicki, o último bispo de Varmia independente, vê a sua diocese ser absorvida pelo reino da Prússia pela primeira partilha da Polónia.

1835 *Das Revoluções* e o *Diálogo* de Galileu são retirados do *Índex*.

1972 É lançado o satélite *Copérnico* para estudar as fontes de raios X e ultravioletas no espaço.

2008 Exemplar da primeira edição de *Das Revoluções* vendido em leilão por mais de dois milhões de dólares.

2010 Os restos mortais de Copérnico, que haviam sido exumados para estudo científico, são enterrados de novo na catedral de Frombork (a antiga Frauenburg).

NOTAS SOBRE AS CITAÇÕES

O falecido Edward Rosen, professor de história da ciência na City University de Nova Iorque, traduziu para inglês todas as obras de Copérnico. Charles Glenn Wallis e A. M. Duncan também fizeram traduções de *Das Revoluções dos Corpos Celestes*, referida muitas vezes pelo seu título latino, *De revolutionibus orbium coelestium*, ou abreviada como *De rev.* Em algumas das passagens citadas, conjuguei as suas traduções.
O astrónomo e historiador Noel Sardlow, que atualmente é professor convidado no Caltech, traduziu diversos documentos copernicianos, nomeadamente o *Breve Esboço*, ou *Commentariolus*, e a carta aberta de dedicatória do tipógrafo Johann Petreius a Rheticus.

CAPÍTULO 1

3 «O grilo... os caminhantes». Rosen, *Minor Works*, p. 30.

4 «simetria maravilhosa do Universo». *De rev.*, I, p. 10 (Rosen, p. 22).

8 «Que seria mais belo... governo divino». *De rev.*, I, Introdução (Rosen, p. 7; Wallis, p. 8).

8 «Entre as muitas e variadas atividades... curso das estrelas». *De rev.*, I, Introdução (Rosen, p. 7; Wallis, p. 8).

10 «entre os cornos da Lua... noite». *De rev.*, IV, p. 27 (Wallis, p. 223).

10 «com dois fortes varapaus... porco salgada». Banville, pp. 40-41.

12 «As estalagens... moedas espalhou-se». Banville, p. 43.

12 «Para produzir... vinagre forte». BLTC Research, «Arnold of Villanova», http://www.general-anaesthesia.com/images/arnold-of-villanova.html.

15 «Ó justo... país». Rosen, *Minor Works*, p. 29.

15 «Theophylactus... jardim». Rosen, *Minor Works*, p. 29.

15-16 «Entre as éguas... lágrimas da Natureza». Rosen, *Minor Works*, p. 31.

16 «Tal como os médicos... retificadas da mesma forma». Rosen, *Minor Works*, p. 29.

16 «conspícuo... porte grave». Rosen, *Minor Works*, p. 27.

16 «estudioso... princípios maravilhosos». Rosen, *Minor Works*, p. 27.

17 «Passeai entre... a leveza do pó». Rosen, *Minor Works*, p. 50.

CAPÍTULO 2

19 «O centro da Terra... da esfera lunar». Rosen, *Treatises*, p. 58: Swerdlow, «Derivation», p. 436.

20 «Um manuscrito... fica imóvel». Gingerich, *The Book Nobody Read*, p. 36; Swerdlow, «Derivation», p. 431.

20 As provas de que Copérnico *não* tinha conhecimento da teoria heliocêntrica de Aristarco foram publicadas pela primeira vez por Owen Gingerich: «Did Copernicus Owe... ?»

22 «o mais notável dos astrónomos». *De rev.*, II, p. 14 (Rosen, p. 83).

22 «arrepiava-se». *De rev.*, I, p. 4 (Wallis, p. 12).

24 «Todas as esferas... Sol». Swerdlow, «Derivation», p. 444.

24 «Aqueles que nos pareciam... outro planeta». Rosen, *Treatises*, pp. 58-59.

24 «rodopio temerário». Swerdlow, «Derivation», p. 444.

24 «Todo e qualquer movimento... céu mais afastado». Swerdlow, «Derivation», p. 436.

24 «perfeitamente ridícula... pensamento». Toomer, p. 44.

25 «a bem da brevidade... livro maior». Swerdlow, «Derivation», p. 438.

25 «Mercúrio desloca-se... planetas». Rosen, *Treatises*, p. 90.

26 «Comparada... impercetível». Swerdlow, «Derivation», p. 436.

26 «Igualmente vasta... Todo-Poderoso». *De rev.*, I, p. 10 (Rosen, p. 22).

29 «O Doutor Nicolau... Catedral». Gingerich e MacLachlan, p. 79.

30 «Os antigos... Vístula». *De rev.*, V, p. 25 (citado em Gingerich, *Eye*, p. 383; tradução inglesa atribuída a Ann Wegner).

CAPÍTULO 3

O historiador alemão Franz Hipler foi o primeiro académico a prestar atenção a estes «Arrendamentos» num livro de homenagem do quadricentenário publicado em Braunsberg (perto de Frauenburg), em 1873. Dez anos mais tarde, Leopold Prowe incluiu excertos deles na sua biografia, em dois volumes, de Copérnico (em alemão). Edward Rosen realizou a tradução inglesa, aqui citada, em 1985.

33 «Stenzel... 1 cavalo». Rosen, *Minor Works*, p. 232.

37 «Arrendamentos... 1517». Rosen, *Minor Works*, p. 228.

37-38 «Recebeu… 2 cavalos». Rosen, *Minor Works*, p. 228.

38 «Bartolt… Hieronim, etc.». Rosen, *Minor Works*, p. 231.

38 «que é idoso… nome». Rosen, *Minor Works*, p. 232.

38 «4 cavalos… 1 foice». Rosen, *Minor Works*, p. 233.

39 «Gregor Knobel… quando forem adultos». Rosen, *Minor Works*, p. 228.

39 «Hans Clauke… 4 de maio». Rosen, *Minor Works*, p. 235.

39 «Jacob Wayner… intendente». Rosen, *Minor Works*, p. 234.

40 «Jacob tomou… o pagamento anual». Rosen, *Minor Works*, p. 234.

40 «Gregor Noske… roubo». Rosen, *Minor Works*, p. 232.

41 «Petrus… Hans fugiu». Rosen, *Minor Works*, p. 233.

42 «Jacob… muito velho». Rosen, *Minor Works*, p. 233.

42 «no ano de Nosso Senhor de 1515… após o nascer do Sol». *De rev.*, III, p. 3 (Evans, p. 457, n. 22)

43 «Jacob tem… irmão do intendente». Rosen, *Minor Works*, p. 234.

44 «Quando o dinheiro… para o Céu». «The 95 Theses and Their Results», http://www.luther.de/en/anschlag.htm.

45 «Voytek… renda anual». Rosen, *Minor Works*, p. 234.

45 «Lurenz… 4 courelas». Rosen, *Minor Works*, p. 234.

45 «Stenzel Zupky… 33 marcos». Rosen, *Minor Works*, p. 236.

CAPÍTULO 4

47 «A cunhagem… grandeza invariável». Rosen, *Minor Works*, pp. 176-177.

48 «primeira… Escorpião». *De rev.*, V, p. 14 (Rosen, p. 261).

49 «mudanças e transformações … cristãos». Grafton, p. 53.

50 «Mui Clemente Príncipe… Clementíssimo Senhor». Biskup e Dobrzycki, p. 74.

50 «Porque estamos desejosos… cuidados de Vossa Majestade.» Biskup e Dobrzycki, p. 74.

52-53 «O pior erro… e expulsava-a». Rosen, *Minor Works*, pp. 180, 183.

53 «Esses graves males… o valor da moeda». Rosen, *Minor Works*, p. 184.

53 «antes de um desastre… para todo o país». Rosen, *Minor Works*, p. 184.

53 «Porque este prejuízo… se revelar suficiente». Rosen, *Minor Works*, p. 185.

56 «duas horas… meia-noite». *De rev.*, IV, p. 5 (Wallis, p. 187).

56 «Nesta área… suspeita de erro». *De rev.*, IV, p. 3 (Rosen, p. 177).

57 «Ao interpretar… em redor da Terra». *De rev.*, IV, p. 1 (Rosen, p. 173)

CAPÍTULO 5

59 «A crítica... poeta criativo». Rosen, *Treatises*, p. 93. Rosen traduziu pela primeira vez a *Carta contra Werner*, de Copérnico, em 1939, a partir dos exemplares que então se encontravam à sua disposição, e reviu a tradução em 1958 depois de ter examinado outros exemplares que haviam vindo à luz.

60 «Logo, penso... obter o que é meu». Rosen, *Minor Works*, p. 312. Esta carta, traduzida do latim original por Edward Rosen, exige a nossa atenção, primordialmente, por ter sobrevivido aos séculos, com a sua assinatura – «Nic. Copernic» – na Biblioteca da Universidade em Uppsala.

62 «Ao Reverendo... Copérnico». Rosen, *Treatises*, p. 93.

62 «Há algum tempo... Nuremberga». Rosen, *Treatises*, p. 93.

62 «Caso me tivesse... prazer» e «posso louvar... autor». Rosen, *Treatises*, p. 93.

63 «No entanto... ser bajulador». Rosen, *Treatises*, p. 93.

63 «Talvez a minha crítica... deste assunto». Rosen, *Treatises*, pp. 93-94.

63 «Em primeiro lugar... tempo». Rosen, *Treatises*, p. 94.

64 «Temos de seguir... peritos». Rosen, *Treatises*, pp. 99-100 (com ligeiras alterações).

65 «um segundo erro... primeiro» e «disparate infantil». Rosen, *Treatises*, p. 104.

65 «Qual é, afinal... mais esta comunicação». Rosen, *Treatises*, p. 106.

66 «Embora nos refiramos... amor». Kesten, p. 229.

66 «Mas deveremos aguardar... o joio». Kesten, p. 229.

68 «Que tipo de moeda... doloroso dizer». Rosen, *Minor Works*, p. 189.

71 «Vi Vénus... em Frauenburg». *De rev.*, V, p. 23 (Rosen, p. 276).

72-73 «Há alguns anos... Adeus». *De rev.*, material introdutório (Rosen, p. xxi).

CAPÍTULO 6

75 «Partindo de um saco... com o peso dos cestos». Rosen, *Minor Works*, p. 281.

76-77 «Meu nobre senhor... aceitáveis». Rosen, *Minor Works*, p. 320.

80-81 «Excelência, Reverendíssimo Pai...vossas ordens». Rosen, *Minor Works*, pp. 323-324.

81 «Portanto, dignai-vos... encontro dos corpos». Rosen, *Minor Works*, p. 326.

82 «No que respeita... sejam aceitáveis». Rosen, *Minor Works*, p. 331.

82 «inclusive... estábulo» e «é impróprio... igreja». Rosen, *Minor Works*, p. 340.

83 «Meu senhor... as minhas faculdades». Rosen, *Minor Works*, pp. 332-333.

83-84 «Fiz agora... as admoestações de Vossa Excelência Reverendíssima». Rosen, *Minor Works*, p. 334.

84 «Deverá ter-se o cuidado... uma instância superior». Rosen, *Minor Works*, p. 336.

85-86 «Devolvo todas as cartas... coordenarão tudo entre si». Rosen, *Minor Works*, pp. 336-337.

86 «Juntamente com o vinho... opinião pessoal». Rosen, *Minor Works*, p. 337.

86 «Rogo mui humildemente... e ajuda». Rosen, *Minor Works*, p. 343.

88 «tímido por natureza», «daquelas artes... as multidões» e «É característico... outras coisas tais». «Prefácio à Matemática» em Melanchton, pp. 90-91.

89 «A astrologia... nos planetas». *Table Talk* DCCXCIX (citado em Kraal, p. 12, n. 28). O grande mestre de xadrez Jesse Kraal escreveu a sua tese de doutoramento na Universidade de Heidelberga sobre os esforços de Rheticus para criar uma nova astrologia apoiada numa sólida base astronómica.

CAPÍTULO 7

Edward Rosen traduziu o texto latino da *Narratio Prima*, de Rheticus, para inglês, em 1939. A sua versão, citada amplamente neste capítulo, continua a ser a única tradução inglesa do documento.

189 «Também é mais claro... filosofia». Rosen, *Treatises*, pp. 177-78 (excetuando o facto de «círculo» ser traduzido como «esfera» de acordo com «Pseudodixia», de Swerdlow, pp. 122-23, n. 19).

190 «Impelido... a incentivar-me». Danielson, p. 139.

190 «Tive uma pequena doença... várias semanas». Rosen, *Treatises*, p. 109.

190-191 «Ao ilustre Johann Schöner... estudei». Rosen, *Treatises*, p. 109.

191 «O meu professor... método geométrico». Rosen, *Treatises*, pp. 109-110.

192 «Vemos... criação do mundo». Rosen, *Treatises*, pp. 121-122.

193 «Um mundo ilimitado... Ámen». Rosen, *Treatises*, p. 131.

193 «Com efeito... globo terrestre». Rosen, *Treatises*, p. 136.

193 «Por conseguinte concordais... fenómenos celestiais». Rosen, *Treatises*, pp. 140-141.

194 «muito nobremente... corrente de ouro». Rosen, *Treatises*, p. 165.

194 «Para vos permitir...», «Deixai-me...», «Mas para que possais...», Rosen, *Treatises*, pp. 115, 119 e 128.

194 «Mui ilustre... objetivo pretendido». Rosen, *Treatises*, p. 186.

194-195 «Poderia dizer-se... o país». Rosen, *Treatises*, p. 190.

195 «os pesqueiros...», «ilustre príncipe...» e «eloquente e sábio...». Rosen, *Treatises*, pp. 189-190.

195 «Na velhice... encontros furtivos». Rosen, *Treatises*, p. 371.

196 «Sua Reverência... persuadido a fazê-lo». Rosen, *Treatises*, p. 192.

196 «Uma vez que o meu professor... nossos sentidos». Rosen, *Treatises*, p. 192.

196 «elaborar... provas». Rosen, *Treatises*, p. 192.

197 «Então, Sua Reverência... baseava». Rosen, *Treatises*, p. 193.

197 «Por meio destas... ao mundo». Rosen, *Treatises*, p. 195.

197 «Quando soube... do cargo». Rosen, *Treatises*, pp. 195-196.

199 «dos locais... luteranismo herético». Rosen, *Scientific Revolution*, p. 161.

199 «que Vossa... proteção». Danielson, pp. 79, 211.

200 «Este e outros... mente perturbada». Rosen, *Treatises*, p. 121.

200 «para o canto...», «esplêndida...» e «Embora não... acontecer». Swerdlow, «Annals», pp. 273-274.

201 «Deus Todo-poderoso... melhora» e «sem qualquer... avançada». Rosen, *Minor Works*, p. 344.

201 «lembrando... sofrimento». Rosen, *Minor Works*, p. 345.

202 «não são... movimentos». Rosen, *Minor Works*, pp. 344-345.

202 «Os peripatéticos... do autor». Rosen, *De rev.*, p. 335.

202-203 «contrário», «um sistema... astronomia» e «implorando-lhe... amigo». Danielson, p. 212.

203 «uma torrente... amigo». Carta traduzida em Danielson, pp. 212-213.

203 «Urânia... do que eu». Carta de Gemma de 20 de julho de 1541, citada em Danielson, pp. 116-117.

203 «Recebi... insignificante». Rosen, *Minor Works*, p. 350.

204 «Estes escritos... sofrem...». Rosen, *De rev.*, p. 351.

204-205 «Nobre príncipe... duvidamos». Rosen, *Scientific Revolution*, pp. 181-182.

205 «No momento... como ele». Dedicatória de Rheticus, *De lateribus et angulis triangulorum*, citado em Danielson, p. 95.

205 «Heliopolitanus». Kraai, pp. 4, 74, 105.

205 «Agora, as coisas... Terra». Rosen, *Scientific Revolution*, p. 183.

206 «o astrónomo... o Sol». Carta de 16 de outubro de 1541, para Mithobius, citada em Danielson, p. 91.

206 «Não me arrependo... publicados». Dedicatória de Rheticus a Heinrich Widenauer, citada em Danielson, p. 98; citada também por Westman em Gingerich, *Nature of Scientific Discovery*, p. 410.

CAPÍTULO 8

207 «Confesso... mesmas questões». De *rev.*, I, Introdução (Rosen, p. 8).

208 «Posso imaginar... sob vaias». *De rev.*, Dedicatória de Copérnico (Rosen, p. 3; Wallis, p. 4).

208 «Exortaram-me... provas cheias de luz ». Dedicatória (Rosen, p. 3).

209 «a estrutura... suas partes». Dedicatória (Rosen, p. 4).

209 «Após longa... filósofos» e «contra... senso comum». Dedicatória (Rosen, p. 4). No que se refere à ignorância de Copérnico relativamente ao modelo heliocêntrico de Aristarco, ver Gingerich, «Did Copernicus Owe...?».

210 «Portanto... imaginar». Dedicatória (Rosen, p. 5).

210 «Para que tanto... matemática». Dedicatória (Rosen, p. 5; Wallis, p. 7)

210 «Talvez venham... censurá-la». Dedicatória (Rosen, p. 5).

210-211 «A astronomia... obra em si». Dedicatória (Rosen, p. 5).

214 «Fiquei chocado... emergência». Rosen, *Scientific Revolution*, pp. 165-166.

216 «Tendes... aproveitai». Rosen, *De rev.*, xix; Gingerich, *Book Nobody Read*, p. 20.

216-217 «Já houve ... suficiente». Prefácio de Osiander em Rosen, *De rev.*, xx.

217-218 «E se quaisquer causas... revelado» e «Portanto... Adeus». Prefácio de Osiander em Rosen, *De rev.*, xx.

CAPÍTULO 9

219 «Qualquer pessoa... exato». Gingerich, *Census*, p. 285.

219 «descompor... no futuro». Rosen, *Treatises*, p. 405.

220 «Quando do meu regresso... desgosto anterior». Rosen, *De rev.*, p. 339.

220-221 «Escrevi... Prefácio». Rosen, *De rev.*, p. 339.

221 «Não ignoro... zelo». Rosen, *De rev.*, p. 339.

221 «um homem... aparecimento», *De rev.*, Dedicatória de Copérnico (Rosen, p. 3).

223 «um grupo... eminentes», Rosen, *De rev.*, p. 339.

223 «Explico... enfraquecer». Rosen, *De rev.*, p. 340.

223 «porque se... falecido». Rosen, *De rev.*, p. 340.

224 «azedumes» e «omitidos e suavizados». Rosen, *Scientific Revolution*, p. 169.

224 «Ela, que foi... não desconheceis». Danielson, pp. 217-218.

227 «Já quase... recusou» e «Esteve de cama... esperando libertação». Danielson, p. 129.

228 «estimulara... corpos celestes» e «aos docentes... Leipzig». Danielson, p. 139.

228 «que fizera... mundo». Danielson, p. 139.

228 «não quis... dedo». Danielson, p. 139.

229 «Que tipo... e devoção». Danielson, p. 143.

229 «intempestivo... cristão», «uma criança menor» e «enchera-o... sodomia». Danielson, pp. 143-144.

230 «erigi... estrelas fixas». Danielson, p. 162.

231 «pegou de novo... comentário». Danielson, p. 172.

231-232 «Mal... do dia"». Westman em Gingerich, *Nature of Scientific Discovery*; Danielson, p. 191.

232 «Num só... afogar». Danielson, p. 193.

232 «coligi muitas coisas que me deleitaram enormemente». Danielson, p. 199.

CAPÍTULO 10

233 «Considero... a contemplo». Caspar, p. 384.

234 «Na verdade... mundo». Ferguson, p. 47.

239 «Considero... astronomia». *Astronomia Nova* (Donahue, p. 43; Ferguson, pp. 98-99).

239 «avidez escaldante». Ferguson, p. 155.

240 «Passei dias... vento». *Mysterium* (Caspar, p. 63; Ferguson, p. 192).

241 «Construí... mundo». *Epítome* (Wallis, p. 10).

242 «Fui quase... ridículo fui!». *Astronomia Nova* (Gingerich e Ann Brinkley, citado em Gingerich, *Eye*, p. 320).

242 «frenesim sagrado». Gingerich, *Eye*, p. 407.

242 «tende piedade... muito tempo». Gingerich, *Eye*, p. 357.

242 «hesitando... máquina». *Mysterium* (Giora Han *in* Kremer e Wlodarczyk, p. 208).

243 «É uma ficção... Copérnico». Gingerich, *Eye*, p. 300.

243 «na transferência... causas naturais». *Tabelas Rodolfinas* (Ferguson, p. 346).

243 «Tu, Ó Senhor... obstáculo para tal». *Harmonices Mundi* (Wallis, p. 240).

CAPÍTULO 11

247 «A constituição... do mundo». Dedicatória no *Diálogo* de Galileu (Drake, pp. 3-4).

248 «Não seria... esforços conjugados?». Ferguson, p. 206.

250 «Convocai homens... modo algum». Rosen, *Scientific Revolution*, p. 189.

251 «em relação... humanidade» e «considerarem... física». *Astronomia Nova* (Donahue, pp. 19, 21) O historiador da ciência William H. Donahue, que traduziu a *Astronomia Nova* do latim para inglês, afirma que os argumentos de Kepler sobre a interpretação da Escritura se tornaram o mais amplamente lido dos seus escritos, reeditados frequentemente em línguas modernas, e a única obra de Kepler a surgir em inglês antes da década de 1870.

251-252 «Creio que... assunto». *Carta à Grã-Duquesa Cristina*, de Galileu (Drake, *Discoveries*, pp. 183-184). Para além das passagens citadas aqui da *Carta à Grã-Duquesa Cristina*, o estudioso independente Stillman Drake traduziu para inglês todas as obras de Galileu, muitas das quais foram escritas e publicadas originalmente em italiano, e não em latim.

252 «Banir Copérnico... Céu». *Carta* (Drake, *Discoveries*, p. 196).

254 «E, efetivamente... ensinar astronomia». *Carta* (Drake, *Discoveries*, pp. 211-212).

254 «Se considerarmos... se deteriam». *Carta* (Drake, *Discoveries*, pp. 212-213).

254 «todo o sistema do mundo... texto sagrado» e «no meio do céu». *Carta* (Drake, *Discoveries*, pp. 213-14).

255 «Teólogos... atraso» e «se, em conformidade... onde reside». *Carta* (Drake, *Discoveries*, pp. 214-15).

255-256 «As palavras... em movimento». Citado em Drake, *Discoveries*, p. 164.

256 «a imobilidade... errado na fé». Relatório dos Consultores sobre o Copernicianismo, Finocchiaro, p. 146.

256 «falsos... Escritura». Decreto do Índex, Finocchiaro, p. 149.

CAPÍTULO 12

Em 1854, Jan Baranawski, diretor do Observatório de Varsóvia, publicou as obras completas de Copérnico em latim e polaco – a primeira tradução integral para uma língua moderna.

259 «Comparei... desfiz-me dela». Gingerich, *Census*, p. xxvii. Gingerich fez uma ampla descrição da sua procura de todos os exemplares do século XVI do livro de Copérnico em publicações periódicas académicas, como o *American Scholar* e o *Journal of the History Astronomy*. Também escreveu um comentário exaustivo para o grande público, chamado *The Book Nobody Read* (Walker, 2004).

263 «É muito... interessante». Gingerich, *Census*, p. xxii.

264 «Será a órbita... do Sol?». Gingerich, *Census*, p. 78.

264 «A Terra... irregularidade». Gingerich, *Census*, p. 79.

269 «Tão vasto ... Todo-Poderoso». *De rev.*, I, p. 10 (Rosen, p. 22).

BIBLIOGRAFIA

Adamczewsi, Jan. *The Towns of Copernicus*. Varsóvia: Interpress, 1972.

Armitage, Angus. *Sun, Stand Thou Still*. Londres: Sigma, 1947.

Bainton, Roland H. *Here I Stand: A Life of Martin Luther*. Nova Iorque: Abingdon-Cokesbury, 1950.

Banville, John. *Doctor Copernicus*. Nova Iorque: Norton, 1976.

Bartusiak, Marcia, org. *Archives of the Universe*. Nova Iorque: Pantheon, 2004.

Biskup, Marian. *Regesta Copernicana*. Wroclaw: Ossolineum, 1973. *Studia Copernicana* 7, em polaco.

Biskup, Marian, e Jerzy Dobrzycki. *Copernicus: Scholar and Citizen*. Varsóvia: Interpress, 1972.

Blackwell, Richard J. *Galileo, Bellarmine, and the Bible*. Notre Dame, Indiana: University of Notre Dame Press, 1991.

Brahe, Tycho. *Instruments of the Renewed Astronomy*. Tradução inglesa e edição de Alena Hadravová, Petr Hadrava e Jole R. Shackelford. Praga: Academia das Ciências da República Checa, 1996.

Bunson, Matthew. *The Pope Encyclopedia*. Nova Iorque: Crown, 1995.

Caspar, Max. *Kepler*. Traduzido para inglês e organizado por C. Doris Hellman. Mineola, Nova Iorque: Dover, 1993.

Christianson, John Robert. *On Tycho's Island: Tycho Brahe and His Assistants, 1570-1601*. Cambridge: Cambridge University Press, 2000.

Copérnico, Nicolau. *Complete Works*. Tradução inglesa e comentário de Edward Rosen. Baltimore: Johns Hopkins University Press, 1978 (vol. 2, *On the Revolutions*) e 1985 (vol. 3, *Minor Works*).

———. *On the Revolutions of the Heavenly Spheres*. Tradução inglesa de Charles Glenn Wallis. Annapolis: St. John's Bookstore, 1939.

———. *On the Revolutions of the Heavenly Spheres*. Tradução inglesa de A. M. Duncan. Nova Iorque: Barnes & Noble, 1976.

Danielson, Dennis. *The First Copernican: Georg Joachim Rheticus and the Rise of the Copernican Revolution*. Nova Iorque: Walker, 2006.

Donahue, William H., trad. inglesa de *Astronomia nova* (1609) de Johannes Kepler. Santa Fé: Green Lion, 2004.

Drake, Stillman. *Discoveries and Opinions of Galileo*. Garden City, Nova Iorque: Doubleday Anchor, 1957.

———. *Galileo's Dialogue Concerning the Two Chief World Systems*. Berkeley: University of California Press, 1953, 1962; 2.ª edição revista, 1967.

Eisenstein, Elizabeth. *The Printing Press as an Agent of Change*. Cambridge: Cambridge University Press, 1980.

Espenak, Fred, e Jean Meeus. *Five Millennium Canon of Solar Eclipses*. Hanôver, Maryland: NASA, 2006.

Evans, James. *The History and Practice of Ancient Astronomy*. Nova Iorque: Oxford University Press, 1998.

Ferguson, Kitty. *Tycho and Kepler: The Unlikely Partnership That Forever Changed Our Understanding of the Heavens*. Nova Iorque: Walker, 2002.

Finocchiaro, Maurice A. *The Galileo Affair: A Documentary History*. Berkeley: University of California Press, 1989.

Galilei, Galileu. *Dialogue Concerning the Two Chief World Systems*. Traduzido por Stillman Drake. Berkeley: University of California Press, 1953, 1962; 2.ª edição revista, 1967.

Gassendi, Pierre. *The Life of Copernicus (1473-1543)*. Tradução inglesa, organização e notas de Olivier Thill. Fairfax, Virginia: Xulon, 2002.

Gassowski, Jerzy, org. *Christianization of the Baltic Region*. Pultusk, Polónia: Baltic Research Center in Frombork, 2004.

Gingerich, Owen, org. *The Nature of Scientific Discovery: A Symposium Commemorating the 500th Anniversary of the Birth of Nicolaus Copernicus*. Washington: Smithsonian Institution Press, 1975.

———. «Did Copernicus Owe a Debt to Aristarchus?», *Journal for the History of Astronomy* 16, 1985: pp. 36-42.

———. *The Eye of Heaven: Ptolemy, Copernicus, Kepler*. Nova Iorque: American Institute of Physics, 1993.

———. *The Search for Nicolaus Copernicus's Tomb*. Pultusk, Polónia: Leopold Konenberg Foundation–City Bank Varsóvia, 2006.

———. *An Annotated Census of Copernicus' "De Revolutionibus" (Nuremberg, 1543 and Basel, 1566)*. Leiden: Brill, 2002.

———. *The Book Nobody Read: Chasing the Revolutions of Nicolaus Copernicus*. Nova Iorque: Walker, 2004.

Gingerich, Owen, e James MacLachlan. *Nicolaus Copernicus: Making the Earth a Planet*. Nova Iorque: Oxford University Press, 2005.

Grafton, Anthony. *Cardano's Cosmos: The Worlds and Works of a Renaissance Astrologer*. Cambridge: Harvard University Press, 1999.

Grant, Edward. *Planets, Stars, and Orbs: The Medieval Cosmos, 1200-1687*. Nova Iorque: Cambridge University Press, 1996.

Heath, Thomas. *Aristarchus of Samos: The Ancient Copernicus*. Oxford: Clarendon Press, 1913; Mineola, Nova Iorque: Dover, 1981, 2004.

Heninger, S. K., Jr. *The Cosmographical Glass: Renaissance Diagrams of the Universe*. San Marino, Califórnia: Huntington Library, 1977, 2004.

Hirshfeld, Alan W. *Parallax: The Race to Measure the Cosmos*. Nova Iorque: Freeman, 2001.

Hooykaas, Reiner. *G. J. Rheticus' Treatise on Holy Scripture and the Motion of the Earth*. Amesterdão: North-Holland, 1984.

Kepler, Johannes. *Epitome of Copernican Astronomy* e *Harmonies of the World*. Tradução inglesa de Charles Glenn Wallis. Annapolis: St. John's Bookstore, 1939.

———. *Astronomia nova* (1609). Seleção, tradução inglesa e anotações de William H. Donahue. Santa Fé: Green Lion, 2004.

Kesten, Hermann. *Copernicus and His World*. Tradução inglesa de E. B. Ashton e Norbert Guterman. Nova Iorque: Roy, 1945.

Kloczowski, Jerzy. *A History of Polish Christianity*. Cambridge: Cambridge University Press, 2000.

Koestler, Arthur. *The Sleepwalkers*. Nova Iorque: Macmillan, 1959.

Kraai, Jesse. «Rheticus' Heliocentric Providence: A Study Concerning the Astrology, Astronomy of the Sixteenth Century», tese de doutoramento, Universidade de Heidelberga, 2001.

Kremer, Richard L., e Jaroslaw Wlodarczyk, org. *Johannes Kepler: From Tübingen to Zagan*. Varsóvia: Academia das Ciências Polaca, 2009. *Studia Copernicana* 42, em inglês.

Kuhn, Tomas S. *The Copernican Revolution*. Cambridge: Harvard University Press, 1957.

Lattis, James M. *Between Copernicus and Galileo: Christoph Clavius and the Colapse of Ptolemaic Cosmology*. Chicago: University of Chicago Press, 1994.

Lukowski, Jerzy, e Hubert Zawadzki. *A Concise History of Poland*. 2.ª edição. Cambridge: Cambridge University Press, 2006.

Manchester, William. *A World Lit Only by Fire*. Boston: Little, Brown, 1992.

Melanchthon, Philip. *Orations on Philosophy and Education*. Edição de Sachiko Kusukawa. Tradução inglesa de Christine F. Salazar. Cambridge: Cambridge University Press, 1999.

Newman, William R., e Anthony Grafton, org. *Secrets of Nature: Astrology and Alchemy in Early Modern Europe*. Cambridge: MIT Press, 2001.

Prowe, Leopold. *Nicolaus Copernicus*. 2 vols. Berlim: Weidmannsche, 1883; Breinigsville, Pensilvânia: Nabu Public Domain Reprints, 2010.

Ptolomeu, Cláudio. *Almagest*. Tradução inglesa e anotações de G. J. Toomer. Princeton: Princeton University Press, 1998.

Rheticus, Georg Joachim. Narratio prima. Gdansk, 1540. Linda Hall Library. Coleções Digitais. Novembro de 2010. http://lhldigital.lindahall.org/u/astro_early, 148.

——— *Narratio prima*. Tradução inglesa de Edward Rosen, in *Three Copernican Treatises*. 3.ª edição revista. Nova Iorque: Octagon, 1971.

Richards, E. G. *Mapping Time: The Calendar and its History*. Oxford: Oxford University Press, 1998.

Rosen, Edward. *Three Copernican Treatises*. 3.ª edição revista. Nova Iorque: Octagon, 1971.

——— trad. inglesa. *Complete Works of Nicolaus Copernicus*. Baltimore: Johns Hopkins University Press, 1978 (vol. 2, *On the Revolutions*) e 1985 (vol. 3, *Minor Works*).

———. *Copernicus and the Scientific Revolution*. Malabar, Florida: Krieger, 1984.

———. *Copernicus and His Successors*. Organização de Erna Hilfstein. Londres: Hambledon, 1995.

Swerdlow, Noel. «The Derivation and First Draft of Copernicus's Planetary Theory: A Translation of the *Commentariolus* with Commentary», *Proceedings of the American Philosophical Society* 117, n.º 6 (dezembro de 1973): pp. 423-512.

———. «Pseudodoxia Copernicana», *Archives Internationales d'Histoire des Sciences* 26, n.º 98 (junho de 1976): pp. 108-58.

———. «Annals of Scientific Publishing: Johannes Petreius's Letter to Rheticus», *Isis* 83:2 (junho de 1992): pp. 273-274.

Teresi, Dick. *Lost Discoveries: The Ancient Roots of Modern Science – from the Babylonians to the Maya*. Nova Iorque: Simon & Schuster, 2002.

Toomer, G. J., trad inglesa. *Ptolemy's Almagest*. Princeton: Princeton University Press, 1998.

Van Helden, Albert. *Measuring the Universe: Cosmic Dimensions from Aristarchus to Halley*. Chicago: University of Chicago Press, 1985.

Walker, Christopher, org. *Astronomy Before the Telescope*. Londres: British Museum, 1996.

Wallis, Charles Glenn, trad. inglesa. *On the Revolutions of the Heavenly Spheres*, de Nicolau Copérnico. Annapolis: St. John's Bookstore, 1939.

———. *Epitome of Copernican Astronomy* e *Harmonies of the World*, de Johannes Kepler. Annapolis: St. John's Bookstore, 1939.

Whitfield, Peter. *Astrology: A History*. Nova Iorque: Abrams, 2001.

Wlodarczyk, Jaroslaw. «Solar Eclipse Observations in the Time of Copernicus: Tradition or Novelty?», *Journal for the History of Astronomy* 38, 2007: pp. 351-364.

Zamoyski, Adam. *The Polish Way: A Thousand-Year History of the Poles and Their Culture*. Nova Iorque: Hippocrene, 2004.

CRÉDITOS DAS ILUSTRAÇÕES

pp. ii-iii: Ilustração do sistema do mundo de Copérnico de um atlas do século XVII de Gerald Valk e Peter Schenk. Corbis image #PG6097.

pp. ix-x: Copyright dos mapas © 2011 de Jeffrey L. Ward.

p. 6: Bayerische Staatsbibliothek, Munique, Cod. Lat, #27003, fólio 33.

p. 23: Biblioteca de Astronomia do Observatório da Universidade de Viena.

p. 55: medievalcoins.com.

pp. 57, 222: Coleção Copérnico da Universidade de Uppsala.

p. 61: Cedida por Owen Gingerich.

p. 69: Nicolaus Copernicus Thorunensis Archives.

p. 70: Museu Princesa Czartorysky, Museu Nacional Polaco de Cracóvia.

p. 149: Thomas Suarez Rare Maps, Valley Strean, Nova Iorque.

p. 191: Musées Royaux des Beaux-Arts de Belgique.

p. 209: Museo di Capodimonte, Nápoles.

p. 215: New York Public Library.

p. 236: Fredriksborg Slot.

p. 241: Pixtal/Glow Images.

p. 267: Capitão Dariusz Zajdel, M. A., Laboratório Forense Central da Polícia Polaca/AFP--Getty Images.

p. 269: Robert Williams e Hubble Deep Field Team Space Telescope Science Institute (STScI) e NASA.

Índice Remissivo